Petra Ehrlich

Prüfungsorientierte Aufgabensammlung

Personalmanagement

Teil I: Personal planen und gewinnen

1. Auflage 2023

Lektorat: Achim Sacher, Holzmann Medien | Buchverlag
Herstellung | Satz: Markus Kratofil, Holzmann Medien | Buchverlag

Druck: Booksfactory.de
Artikel-Nr. 1888.01
ISBN: 978-3-7783-1682-5

Vorwort der Herausgeber

Am 1. April 2011 ist die nach § 42 des Gesetzes zur Ordnung des Handwerks (Handwerksordnung [HwO]) vom Bundesministerium für Bildung und Forschung erlassene bundesweite Verordnung über die Prüfung zum anerkannten Fortbildungsabschluss

„Geprüfter Betriebswirt/Geprüfte Betriebswirtin nach der Handwerksordnung"

in Kraft getreten. Damit werden die bisherigen Regelungen bei den einzelnen Handwerkskammern durch die bundeseinheitliche Rechtsverordnung Zug um Zug ersetzt.

Auf dieser Grundlage haben die Herausgeber Bernd-Michael Hümer, Prof. Dr. Werner Rössle und Dr. Heinz Stark zusammen mit Holzmann Medien eine zehnbändige Lehr- und Lernbuchreihe **„Kompetenzen zum Erfolg"** entwickelt und 2014 auf den Markt gebracht. Die darin behandelten Aufgabenfelder und Handlungsbereiche einer fortschrittlichen Unternehmensführung im Handwerk bilden den Gegenstand in der Prüfung zum/zur „Geprüften Betriebswirt/Betriebswirtin nach der HwO". Entsprechend der bundesweiten Verordnung und gemäß den Vorgaben des Zentralverbands des Deutschen Handwerks mit der Zentralstelle für die Weiterbildung im Handwerk e. V. (ZWH) sind die in den zehn Bänden „Kompetenzen zum Erfolg" erörterten Inhalte den vier handlungsorientierten Prüfungsteilen

- Unternehmensstrategie,
- Unternehmensführung,
- Personalmanagement und
- Innovationsmanagement

zugeordnet. Ziel der Prüfung ist der Nachweis der notwendigen Qualifikationen, um ein Unternehmen nachhaltig, strategisch und verantwortlich führen zu können.

Mit einem strategisch ausgerichteten Verständnis des Handelns sollen diese Aufgaben mit betriebswirtschaftlicher Fachkompetenz, verbunden mit Methoden-, Führungs- und Sozialkompetenz, wahrgenommen werden. Bei der Erarbeitung neuer Lösungen sind die ökonomischen, ökologischen und sozialen Dimensionen eines nachhaltigen Wirtschaftens zu berücksichtigen.

Da sich die Prüfungen am Vorgenannten orientieren sollen, werden die Prüfungsgegenstände überwiegend in Form von Fallbeispielen, sogenannten **„situationsbezogenen Aufgaben"**, dargestellt. Dabei wird die

Qualität der Prüfungsergebnisse wesentlich von den Erfahrungen in der Bearbeitung von Fallbeispielen bestimmt. Qualitätssteigerungen lassen sich vor allem durch Bearbeiten von möglichst vielen und unterschiedlichen situativen Aufgaben zu Teilfragen des Managements erzielen.

Daher haben sich Herausgeber und Verlag entschlossen, die Lehr- und Lernbuchreihe „Kompetenzen zum Erfolg“ durch prüfungsorientierte Aufgabensammlungen **„Kompetenzen zum Erfolg“ (mit Lösungshinweisen)** zu ergänzen. Die damit verbundenen Zielsetzungen sind

1. **die Überprüfung der beim Leser vorliegenden Kompetenzen zur Unternehmensführung,**
2. **das Erkennen von Defiziten bei den erforderlichen Kompetenzen sowie**
3. **eine bessere Vorbereitung in den zehn Teilbereichen/Fachgebieten der Prüfung zum/zur „Geprüften Betriebswirt/Betriebswirtin nach der HwO“.**

Damit diese Ziele bestmöglich erreicht werden können, wurden **die Gliederungen und Inhalte** der einzelnen Aufgabensammlungen **analog zu den dazugehörenden Lehr- und Lernbüchern** aufgebaut. Die Umfänge der einzelnen „situationsbezogenen Aufgaben“ orientieren sich an den inhaltlichen und zeitlichen Vorgaben zur Durchführung der Prüfung in den vier Prüfungsteilen und Prüfungszeiten entsprechend der vom Bundesministerium für Bildung und Forschung erlassenen Verordnung.

Die **Lösungshinweise** einer **„situationsbezogenen Aufgabe“** verstehen die Autoren und Autorinnen bewusst nur als Vorschläge zur Problemlösung, die auf den Ausführungen in dem dazugehörenden Lehr- und Lernbuch basieren. Diese **Verzahnung der einzelnen Aufgabensammlungen mit dem jeweiligen Lehr- und Lernbuch** verbessert den Lernerfolg und fördert den Ausbau der Kompetenzen ganz wesentlich. Grundsätzlich sind auch andere Lösungswege und Ergebnisse als die vorgeschlagenen Lösungshinweise denkbar und zulässig, aber Logik und Begründung für den gewählten Lösungsweg müssen stimmig sein und überzeugen.

Bei der Arbeit mit den vorliegenden **Aufgabensammlungen „Kompetenzen zum Erfolg“** wünschen wir Ihnen einen großen Know-how-Zuwachs, zunehmende Sicherheit bei der Lösung situationsbezogener Prüfungsaufgaben und nicht zuletzt ein großes Durchhaltevermögen für die Prüfung selbst. Viel Erfolg!

Hinweise und Anregungen zur Verbesserung der Aufgabensammlungen als Ganzes und im Detail werden wir gerne prüfen und leserorientiert berücksichtigen.

Die Herausgeber und Holzmann Medien | Buchverlag

Vorwort der Autorin

Die vorliegende Aufgabensammlung soll Sie bei der Vorbereitung auf den Klausurteil „Personal planen und gewinnen“ im Teil III der Prüfungen zum „Geprüften Betriebswirt nach der Handwerksordnung (HwO)“ unterstützen. Jeder Aufgabe vorangestellt sind kurze Situationsbeschreibungen eines Handwerksbetriebs. Anschließend sind mehrere Teilfragen zu beantworten.

Es ist eine Zeit angegeben, die Ihnen eine Orientierung gibt, wie lange Sie für die Bearbeitung der Aufgabe ungefähr benötigen. Die schriftliche Klausur im Bereich „Personal planen und gewinnen“ dauert in der Regel 90 Minuten. Grundsätzlich werden alle Lehrplaninhalte geprüft. Wenn Sie hier also für eine Aufgabe 60 Minuten Bearbeitungszeit angegeben haben, sollten Sie bedenken, dass in der konkreten Prüfung das Themengebiet einer Vorbereitungsaufgabe nicht so umfangreich berücksichtigt wird.

Im Lösungsteil finden Sie Musterlösungen für die einzelnen Aufgaben. Sie beziehen sich auf die genannten Kapitel im Lehrbuch „Personal planen und gewinnen“ und enthalten teilweise ergänzende Anregungen für die Lösungen. Die Autorin hat sich um eine sprachlich angemessene Darstellung bemüht. Wenn Sie Ihre Lösungen mit der Musterlösung vergleichen, sollten Sie berücksichtigen, dass jeder Mensch einen individuellen Sprachstil und eine persönliche Ausdrucksweise hat. Werfen Sie Ihre Antworten also nicht über Bord. Suchen Sie vielmehr in Ihren Lösungen nach den Schlagworten, die teilweise gekennzeichnet sind. Wenn Sie diese in Ihren Antworten wiederfinden, sind Sie auf dem richtigen Weg.

Zur besseren Lesbarkeit wird die männliche Ausdrucksform (generisches Maskulinum) verwendet. Es zählt der Mensch, nicht das Geschlecht.

Dresden, im Sommer 2023

Petra Ehrlich

Inhaltsverzeichnis

I. Aufgaben zur handlungsorientierten Prüfungsvorbereitung

1. Die Unternehmenskultur

Erforderliche Kompetenzen

- Überprüfen der gewachsenen Unternehmenskultur.
- Erkennen der strategischen Bedeutung einer Unternehmenskultur.
- Vermitteln und Gestalten von Wertvorstellungen und Normen des Betriebes.
- Fördern von Verhaltensmustern der Mitarbeiter, die zur Identifikation mit dem Unternehmen beitragen.
- Veränderungsprozesse gestalten und deren Erfolg bewerten.

1.1 Situationsbezogene Aufgabe „Überprüfen der gewachsenen Unternehmenskultur"

(Bearbeitungszeit ca. 60 Minuten)

Handlungssituation

Der Malermeister Peter Grube führt einen Handwerksbetrieb, der in 4. Generation als Familienbetrieb besteht. Sein Urgroßvater hat das Unternehmen gegründet, Peter Grube hat es von einem halben Jahr von seinem Vater übernommen. Das Unternehmen hat 18 Mitarbeiter. Sein Vater hat das Unternehmen eher traditionell geführt. Als Inhaber hat er sämtliche Entscheidungen allein getroffen und seine Mitarbeiter streng, aber auch mit einer gewissen Fürsorglichkeit behandelt. Die älteren Mitarbeiter hatten mit der speziellen Art des Chefs kein Problem. Sie schienen sich sehr wohl zu fühlen damit. Die jüngeren Mitarbeiter und die drei Auszubildenden haben jedoch in Gesprächen mit Peter Grube betont, dass sie sich einen anderen Umgangston und mehr Mitsprache bei der Aufgabenverteilung wünschen.

Peter Grube hat seinen Vater als Chef selbst erlebt, als er nach der Ausbildung im Unternehmen angefangen hat zu arbeiten. Er hat die Unternehmenskultur als patriarchalisch wahrgenommen. Sie war auf die Tradition des Unternehmens als Familienbetrieb abgestimmt. Peter Grube glaubt, dass diese Art der Unternehmenskultur nicht mehr in die Zeit passt und macht sich Gedanken, wie er hier Veränderungen herbeiführen kann.

Situationsbezogene Fragen

a) Nach dem Kultur-Ebenen-Modell von E. Schein zeigt sich die Unternehmenskultur an den Ebenen „Grundannahmen und Überzeugungen", „Werte und Normen" und „Wahrnehmbare Erscheinungen". Beschreiben Sie Beispiele für die untere und mittlere Ebene, wie sie in einem Familienbetrieb mit so langer Tradition vorkommen können.

b) Wie äußern sich die „Grundannahmen und Überzeugungen" sowie die „Werte und Normen" in wahrnehmbarem (sichtbarem) Verhalten der Mitarbeiter?

c) In den Diskussionen zwischen den älteren Mitarbeitern, den jüngeren und den Auszubildenden ist immer wieder festzustellen, dass die Generationen unterschiedlich „ticken". Beschreiben Sie typische Wertekonflikte, wie sie zwischen den Generationen auftreten können. Nehmen Sie dabei Bezug auf das Eisbergmodell.

1.2 Situationsbezogene Aufgabe „Erkennen der strategischen Bedeutung einer Unternehmenskultur"

(Bearbeitungszeit ca. 45 Minuten)

Handlungssituation

Die Firma Brandschutztechnik GmbH mit 90 Mitarbeitern gehört zu den Marktführern bei der Installation von Brandschutztechnik in Industrieanlagen. Sie ist in den letzten Jahren kontinuierlich gewachsen und genießt sowohl bei den Kunden als auch bei der Konkurrenz einen sehr guten Ruf. Vor Kurzem ist der Eigentümer eines kleineren Wettbewerbers mit 10 Mitarbeitern an die Geschäftsführung der Brandschutztechnik GmbH herangetreten und hat sein Unternehmen zum Kauf angeboten, weil er sich zur Ruhe setzen will und keinen Nachfolger findet.

Die ersten Gespräche zwischen der Geschäftsleitung der Brandschutztechnik GmbH und dem Eigentümer des Wettbewerbers zeigen, dass es neben den betriebswirtschaftlichen Überlegungen der Übernahme auch noch eine kulturelle gibt: Auf der einen Seite das aufkaufende Unternehmen mit den Strukturen eines modernen Mittelständlers und auf der anderen Seite das kleine inhabergeführte Unternehmen mit hochspezialisierten Mitarbeitern, die sich ihrer Qualifikation und ihres Wertes auf dem Arbeitsmarkt bewusst sind. Der Inhaber hat seinen Mitarbeitern viele Freiheiten gelassen, weil für ihn am Ende zählte, dass die Arbeit zur vollen Zufriedenheit der Kunden erledigt wurde. Zwischen den Technikern und den Kunden bestehen teilweise langjährige Beziehungen. Projektplanung im eigentlichen Sinne wurde nicht betrieben, solange am Ende ein Gewinn bei jedem Auftrag heraussprang. Bei der Brandschutztechnik GmbH hingegen legt man sehr viel Wert auf die betriebswirtschaftlich effiziente

Realisierung der Kundenprojekte. Sämtliche Projekte werden mithilfe moderner Software geplant, der Personaleinsatz erfolgt in enger Absprache mit den Mitarbeitern und nach wirtschaftlichen Erfordernissen.

Damit die Übernahme ein Erfolg wird, müssen sich alle Beteiligten an einen Tisch setzen und auch über die unterschiedlichen Unternehmenskulturen diskutieren.

Hinweis: Bevor Sie diese Aufgabe lösen, sehen Sie sich das Schaubild weiter unten an und beantworten Sie die Fragen dazu.

Situationsbezogene Fragen

a) Welche Funktionen hat eine starke und positive Unternehmenskultur?

b) Welchen Einfluss hat der sogenannte Wertewandel auf Veränderungen der Unternehmenskultur?

c) Warum ist es in der Situation wichtig, dass die Brandschutz GmbH nicht einfach darauf vertraut, dass die Mitarbeiter des übernommenen Betriebes sich schon an die herrschende Unternehmenskultur gewöhnen werden?

Säulen der Corporate Identity

Corporate Design		Corporate Communication		Corporate Behaviour
• Logo • Gestaltung der Betriebsräume • Arbeitsbekleidung • Farben des Unternehmens • Gestaltung der Firmenfahrzeuge		• Gestaltung der unternehmensinternen und -externen Kommunikation • Ansprache von Kunden (Du/Sie) • Nutzung von Kommunikationskanälen für Marketing, Personalgewinnung		• Verhaltensrichtlinien gegenüber Kunden (Telefon, Servicebereitschaft) • Beschwerdemanagement • Sozialverhalten der Mitarbeiter • Diversity-Management

Beantworten Sie die Fragen mit Blick auf das Unternehmen, in dem Sie arbeiten.

1. Corporate Design
   a) Welche Elemente des Corporate Designs werden in dem Unternehmen eingesetzt, in dem ich arbeite?
   b) In welchen Bereichen wird das Corporate Design noch nicht konsequent umgesetzt?

2. Corporate Communication
   a) Welche Kommunikationskanäle und -mittel setzt das Unternehmen für Marketingzwecke bzw. für die Gewinnung von Personal ein?
   b) Wie „modern" ist unsere unternehmensinterne Kommunikation im Hinblick auf den Einsatz von digitalen Medien?
3. Corporate Behaviour
   a) Wie ist bei uns der Umgang mit Kundenbeschwerden geregelt?
   b) Wie gut sind wir für unsere Kunden erreichbar?
   c) Wie ist es um die Vielfalt der Mitarbeiter in unserem Unternehmen bestellt?

Diese Fragen werden im Lösungsteil nicht beantwortet. Sie dienen der Reflexion des Themas.

1.3 Situationsbezogene Aufgabe „Vermitteln und Gestalten von Wertvorstellungen und Normen des Betriebes"

(Bearbeitungszeit ca. 30 Minuten)

Hinweis zur Bearbeitung: Bevor Sie diese Aufgabe lösen, lesen Sie das unten angeführte Beispiel für ein Unternehmensleitbild in Handwerksbetrieben. Versetzen Sie sich in die Lage der Kunden des Unternehmens. Welche Wirkung hat das Leitbild auf Sie?

Unser Unternehmensleitbild

Werte schaffen und erhalten!

1. **Begeisterte** und treue Kunden sind unser Ziel bei der Ausführung von individuellen Bauwünschen.
2. Unsere Werte im Umgang mit Kunden und im Unternehmen sind: **Zuverlässigkeit, Pünktlichkeit, Sorgfalt, Sauberkeit und Ordnung.** Dabei achten wir besonders auf einen respektvollen und ehrlichen Umgang untereinander.

3. Unsere **Mitarbeiter sind das Fundament** unseres Unternehmens. In zuverlässigen Teams treffen sie eigenverantwortlich Entscheidungen. Durch gezielte Fortbildungen werden die dafür nötigen Voraussetzungen geschaffen.

Schenk GmbH
Mühlenstraße 2 a
29556 Suderburg / Böddenstedt

(Quelle: Leitbild von Schenk Hausbau • Zimmerei • Dachdeckerei Uelzen | Celle | Lüneburg | Hamburg [schenkhaus.de], 10.10.2022)

Handlungssituation

Karina Schaller hat sich vor 10 Jahren mit einem Kosmetikstudio selbstständig gemacht. Das Geschäft läuft sehr erfolgreich. Sie hat vor drei Jahren ein zweites Studio mit Wellness-Bereich in einem Fünfsternehotel eröffnet. Karina Schaller ist von der örtlichen Handwerkskammer als vorbildlicher Ausbildungsbetrieb ausgezeichnet worden und hat aktuell zwei Auszubildende. Außerdem beschäftigt Karina Schaller noch 3 Kosmetikerinnen und 2 ausgebildete Podologinnen in Teilzeit.

Sie will sich besser von der starken Konkurrenz der Ein-Mann/Frau-Betriebe unterscheiden und hat ihre Mitarbeiterinnen und Auszubildenden zu einem Workshop eingeladen - Thema „Brauchen wir ein Unternehmensleitbild?“. Die Mitarbeiterinnen sind neugierig, aber auch skeptisch.

Situationsbezogene Fragen

a) Welche Funktionen hat ein Unternehmensleitbild nach innen und außen?

b) Welche Aspekte sind für die Akzeptanz des Leitbildes wichtig?

c) Welche Herausforderungen müssen Karina Schaller und ihre Mitarbeiterinnen meistern, wenn sie sich ein Leitbild geben?

d) Geben Sie 5 Beispiele für Leitsätze, wie sie im Unternehmensleitbild des Kosmetikstudios stehen könnten.

1.4 Situationsbezogene Aufgabe „Veränderungsprozesse gestalten und deren Erfolg bewerten“

(Bearbeitungszeit ca. 45 Minuten)

Handlungssituation

Der Fachkräftemangel macht auch vor dem Betrieb von Gabi und Max Gerber nicht halt. Gabi Gerber ist ausgebildete Konditormeisterin und Betriebswirtin und Max Gerber ist Bäckermeister. Die Bäckerei und Konditorei der beiden hat eine große Backstube im Gewerbegebiet einer

Großstadt. Es gibt 4 Verkaufsfilialen mit Café und 3 Verkaufswagen auf Wochenmärkten in der Region. Zusammen mit den Aushilfen beschäftigt das Unternehmen 25 Mitarbeiter. Trotz großer Anstrengungen ist es im letzten Jahr nicht gelungen, die beiden Ausbildungsplätze zum Bäcker bzw. Konditor zu besetzen. Mehrere Aushilfen haben gekündigt, weil die Lebensmitteldiscounter den Mitarbeitern mehr zahlen, als man als Bäckerei-Fachverkäuferin bei den Gerbers verdient, und geregeltere Arbeitszeiten hat.

Gabi und Max Geber überlegen nun, ausländische Bewerber für die Lehrstellen und andere freie Stellen einzustellen. Die alteingesessenen Mitarbeiter sind nicht begeistert. Sie befürchten Missverständnisse aufgrund kultureller Unterschiede und Sprachbarrieren. Zwei Mitarbeiterinnen aus den Verkaufsfilialen verweisen darauf, dass die neuen Mitarbeiter eventuell von den Kunden komisch angeguckt werden könnten. Ein erfahrener Geselle in der Backstube, der grundsätzlich gegen alles Neue ist, hat mit Kündigung gedroht, wenn ihm die neuen Auszubildenden nicht passen.

Dass die beabsichtigte Einstellung von Auszubildenden und Mitarbeitern mit Migrationshintergrund im Unternehmen so stark diskutiert wird, zeigt die Ängste der Mitarbeiter vor Veränderungen. Gabi und Max Gerber führen Personalgespräche und versuchen, die Mitarbeiter von mehr Vielfalt im Unternehmen zu überzeugen.

Situationsbezogene Fragen

a) Welche Vorteile hätte es für das Unternehmen, ausländische Auszubildende und Mitarbeiter einzustellen?

b) Mit welchen Maßnahmen kann das Unternehmen die kulturelle Vielfalt im Unternehmen unterstützen?

c) Welche Bedürfnisse anderer Mitarbeitergruppen sollten im Unternehmen noch berücksichtigt werden?

d) Woher kommen die Ängste der Mitarbeiter vor Veränderungen? Wie können Gabi und Max Gerber die Veränderungsprozesse so gestalten, dass sie von den Mitarbeitern mitgetragen werden?

2. Quantitative und qualitative Personalplanung entwickeln und bedarfsgerecht anpassen

Erforderliche Kompetenzen

- Auswahl und Anwendung von geeigneten Instrumenten der Personalplanung.
- Ermitteln des quantitativen und qualitativen Personalbedarfs.
- Beheben von Personalüberdeckung und -unterdeckung.
- Einarbeitung von neuem Personal organisieren.

2.1 Situationsbezogene Aufgabe „Auswahl und Anwendung von geeigneten Instrumenten der Personalplanung“

(Bearbeitungszeit ca. 20 Minuten)

Handlungssituation

Franziska Schuler führt ein Dentallabor mit 12 Mitarbeitern in einer Kleinstadt. Die Kunden des Labors sind Zahnarztpraxen im Umland. Im letzten Jahr hat ein anderes Dentallabor den Geschäftsbetrieb aufgegeben, sodass noch einige Zahnarztpraxen als neue Kunden hinzugekommen sind. Bisher konnten die Mitarbeiter von Franziska Schuler den Zuwachs an Aufträgen durch Mehrarbeit ausgleichen. Zwei Teilzeit-Mitarbeiterinnen haben ihre Stunden aufgestockt. Trotzdem macht sich Franziska Schuler Sorgen, ob sie die Auftragsflut auch zukünftig bewältigen kann.

Situationsbezogene Fragen

a) Welche Aufgabenfelder der Personalplanung muss Franziska Schuler im Auge behalten?

b) Welche internen und externen Bestimmungsgrößen müssen berücksichtigt werden?

2.2 Situationsbezogene Aufgabe „Ermitteln des quantitativen Personalbedarfs“

(Bearbeitungszeit ca. 60 Minuten)

Handlungssituation

Die Räuchermännchen OHG mit Sitz im Erzgebirge wird von Fritz Fröhlich und Karla Kaufmann geführt. Sie stellt handwerkliche Volkskunst und Holzspielzeug her. Das Unternehmen beschäftigt insgesamt 40 fest angestellte Mitarbeiter und bis zu 30 saisonale Aushilfskräfte. Der Stellenplan leitet sich aus dem Organigramm des Unternehmens ab.

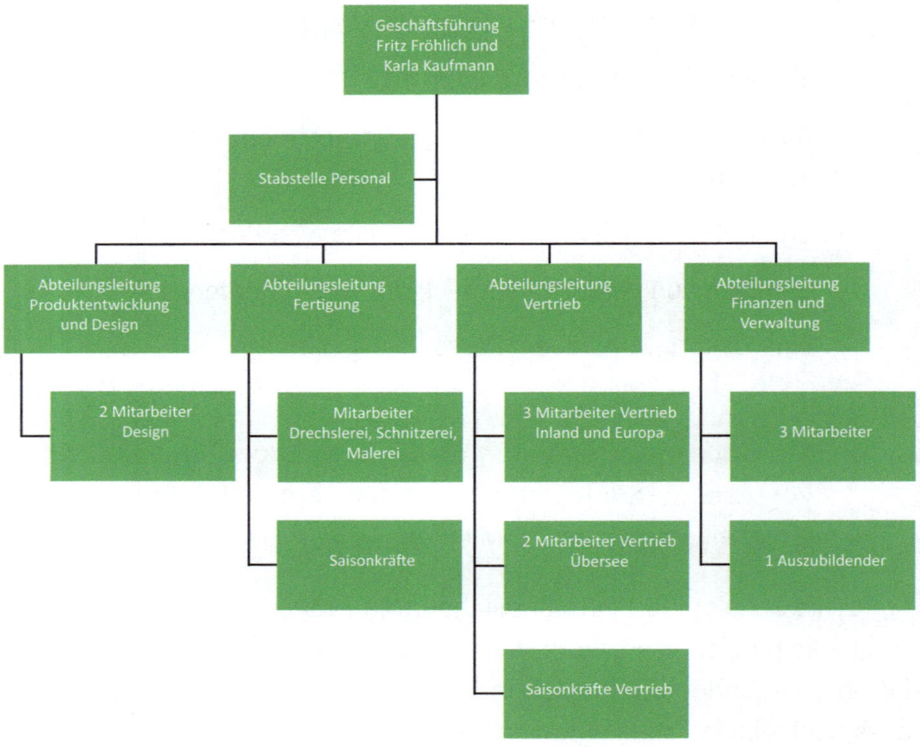

Situationsbezogene Fragen

a) Zurzeit arbeiten in der Fertigung 18 fest angestellte Kunsthandwerker. Dieser Bestand soll auf 22 aufgestockt werden. Folgende Veränderungen in der Fertigung sind bekannt:

- **3 Mitarbeiterinnen gehen in den Ruhestand.**
- **1 Mitarbeiter hat gekündigt.**
- **2 Mitarbeiterinnen möchten ihre Arbeitszeit von 100 % auf 50 % reduzieren.**
- **1 Mitarbeiter hat aus Verhaltensgründen die Kündigung erhalten.**
- **2 Auszubildende werden übernommen.**
- **2 Aushilfen werden fest eingestellt und haben schon einen Vollzeit-Arbeitsvertrag unterschrieben.**

Ermitteln Sie den Netto-Personalbedarf für die Abteilung Fertigung der Räuchermännchen OHG.

b) Das Unternehmen ist mit zwei Verkaufsständen auf den Weihnachtsmärkten in einer Großstadt präsent. Die Verkaufsstände werden mit Saisonkräften abgesichert. Folgende Öffnungszeiten und Personalbedarfe müssen berücksichtigt werden.

Öffnungszeiten der Weihnachtsmärkte:

- **Vom 25.11. bis zum 23.12. täglich von 10 bis 20 Uhr**
- **2 Verkaufsstände mit jeweils 2 Mitarbeiterinnen über die gesamte Öffnungszeit**
- **Samstags und sonntags an jedem Stand eine zusätzliche Verkaufskraft über die gesamte Öffnungszeit**
- **Reservebedarf 10 %**

Ermitteln Sie den Gesamt-Personaleinsatzbedarf in Stunden für den Weihnachtsmarkt. Verwenden Sie den Kalender in der Grafik. Kalender im Dezember 20xx

Montag	Dienstag	Mittwoch	Donnerstag	Freitag	Samstag	Sonntag
21. November	22.	23.	24.	25.	26.	27.
28.	29.	30.	1. Dezember	2.	3.	4.
5.	6.	7.	8.	9.	10.	11.
12.	13.	14.	15.	16.	17.	18.
19.	20.	21.	22.	23.	24.	25.

c) **Aus Amerika gibt es eine Anfrage für einen Sonderauftrag. Der amerikanische Geschäftspartner möchte 100 Räuchermännchen und 100 Räucherfrauen als Porträts der aktuellen Oscar-Preisträger des Jahres bestellen.**

Wie viele Mitarbeiter müssen für die Herstellung eingeplant werden? Die Mitarbeiter arbeiten 32 Stunden pro Woche, und der Auftrag soll in 3 Wochen bearbeitet sein.

- **Drechselei** — **20 min pro Figur**
- **Montage** — **5 min pro Figur**
- **Figuren bemalen** — **25 min pro Figur**
- **Qualitätskontrolle und Verpacken** — **4 min pro Figur**
- **Verteilzeit pro Mengeneinheit** — **4 min pro Figur**
- **Rüstzeit je Modell (Räuchermann und Räucherfrau)** — **60 min**

2.3 Situationsbezogene Aufgabe „Ermitteln des qualitativen Personalbedarfs“

(Bearbeitungszeit ca. 20 Minuten)

Handlungssituation

Im Vertrieb der Räuchermännchen OHG (siehe Aufgabe 2.2) wird dringend Verstärkung gesucht. Bevor die Stelle ausgeschrieben wird, machen sich Fritz Fröhlich und Karla Kaufmann Gedanken darüber, welche Aufgaben auf den/die Stelleninhaber/in zukommen. Zusammen mit der Vertriebsleiterin haben sie die nachfolgende Stellenbeschreibung erarbeitet.

Bezeichnung der Stelle	Vertriebsassistenz Holzspielzeug
Unterstellung	• Vertriebsleitung
Aufgaben	• Bearbeiten von Kundenanfragen national und international (schriftlich, telefonisch, E-Mail) • Repräsentation des Unternehmens auf Fachmessen • Mitarbeit bei der Erarbeitung von Werbematerialien (Print und digital) • Betreuung des Instagram-Kanals der Räuchermännchen OHG und anderer Aktivitäten in den sozialen Medien • Durchführung von Betriebsführungen zu den Tagen der offenen Werkstatt und für Sonderführungen • Mitwirkung bei der Gestaltung von saisonalen Werbeaktionen • Kontakt zum örtlichen Tourismusverband pflegen
Befugnisse der Stelle	• eigenständige Betreuung der Social-Media-Aktivitäten • eigenständige Organisation und Durchführung der Führungen in der Schauwerkstatt

Situationsbezogene Fragen

a) Welche Vorteile hat die Erarbeitung einer Stellenbeschreibung nach diesem Muster?

b) Um die Stelle optimal besetzen zu können, wollen die beiden Firmeninhaber außerdem ein Anforderungsprofil erarbeiten. Sie haben sich für das nachfolgende Schema entschieden. Beurteilen Sie anhand der Stellenbeschreibung die Relevanz der Anforderungen für die Stelle der Vertriebsassistenz.

Anforderung	Die Erfüllung dieser Anforderung ist ...			
	sehr wichtig	**wichtig**	**weniger wichtig**	**unwichtig**
Berufsabschluss als Holzspielzeugmacher/in				
kaufmännische Ausbildung				
Berufserfahrung im Marketing und Vertrieb				
Erfahrungen im Umgang mit digitalen Medien				
sichere Fremdsprachenkenntnisse in Wort und Schrift in mindestens zwei Fremdsprachen				
sehr gute Kenntnisse in der deutschen Sprache				
Kenntnisse im Umgang mit dem PC und mobilen Endgeräten				
Kontaktfreude				
Kommunikationstalent				
optimistische Grundeinstellung				
Verbundenheit mit den Traditionen des Kunsthandwerkes				
Reisebereitschaft				
Organisationstalent				
Belastbarkeit				
Bereitschaft zu Wochenendarbeit				
Durchsetzungsvermögen				

2.4 Situationsbezogene Aufgabe „Beheben von Personalüberdeckung und Personalüberhängen“

(Bearbeitungszeit ca. 45 Minuten)

Handlungssituation

Der Dachdeckermeister Franz Dahlem erzielt 75 % seines Umsatzes mit öffentlichen Aufträgen, die er aufgrund von Ausschreibungen erhält, an denen er allein oder im Verbund mit Bauunternehmen teilnimmt. In den letzten Jahren lief das Geschäft ausgezeichnet. Nun trübt sich die Stimmung im öffentlichen Bausektor ein. Die Kommunen und das Land müssen sparen, in den nächsten 2 bis 3 Jahren werden sämtliche Investitionen zurückgefahren. Franz Dahlem steht vor einem Problem: Er muss Personal abbauen. Bei seinen aktuell 21 Dachdeckern und Zimmerleuten wird er ungefähr 4 Stellen einsparen müssen.

Situationsbezogene Fragen

a) **Welche Maßnahmen sollte Franz Dahlem ergreifen? Beurteilen Sie die jeweiligen Maßnahmen im Hinblick auf ihre kurzfristige und langfristige Wirksamkeit auf den Personalbestand und die Personalkosten.**

b) **Da der Unternehmer hofft, dass er die Auftragslage bald wieder verbessern kann, erwägt er, seine Mitarbeiter in Kurzarbeit zu schicken. Erarbeiten Sie die Voraussetzungen und Bedingungen, unter denen Kurzarbeit beantragt werden kann.**

c) Das Unternehmen bildet auch Lehrlinge aus. Erläutern Sie die Nachteile für das Unternehmen, wenn sich Franz Dahlem dafür entscheidet, die beiden Auszubildenden dieses Jahres wegen der Personalüberdeckung nicht in ein Anstellungsverhältnis zu übernehmen.

d) Ganz anders stellt sich die Situation für das Bauunternehmen der Gebrüder Neumann Bau KG dar, welches sich auf den Bau und die Sanierung von Mehrfamilienhäusern spezialisiert hat. Die Geschäfte laufen hervorragend. Um nicht Aufträge absagen zu müssen, überlegen die Inhaber, wie sie den Personal-Mehrbedarf decken können.

Welche Maßnahmen mit kurzfristiger Wirkung können die Unternehmer ergreifen? Beachten Sie bei Ihrem Lösungsvorschlag die gesetzlichen Rahmenbedingungen, die das Unternehmen einhalten muss.

2.5 Situationsbezogene Aufgabe „Einarbeitung von neuem Personal organisieren"

(Bearbeitungszeit ca. 30 Minuten)

Handlungssituation

Diese Aufgabe dient der Selbstreflexion. Daher gibt es hierfür keine Musterlösungen. Als Anregung für Ihre Lösungen lesen Sie bitte Abschnitt 2.3.4 im Lehrbuch „Personalmanagement Teil 1: Personal planen und gewinnen".

Die Einführung eines neuen Mitarbeiters bestimmt maßgeblich, wie sich seine Motivation entwickelt. Stellen Sie sich dazu zwei Situationen vor.

Situation 1:
Am ersten Tag werden Sie sofort von der Chefin in Empfang genommen. Sie werden den Kollegen vorgestellt, erhalten Ihre Dienstkleidung und die erste Unterweisung zum Arbeits- und Gesundheitsschutz. Anschließend wird Ihnen ein „Pate bzw. Mentor" an die Seite gestellt, der Sie freundlich und umfassend über das Unternehmen und die ersten Aufgaben informiert. Dann nimmt er Sie gleich mit zum ersten Kundenbesuch.

Situation 2:
Sie kommen pünktlich wie vereinbart um 8:00 Uhr an Ihrem ersten Arbeitstag im Unternehmen an. Im Sekretariat ist man ganz erstaunt über Ihr Erscheinen. Man hatte Sie erst nächste Woche erwartet. Leider ist die Chefin einen Tag auf einer Weiterbildung und nicht erreichbar. Man bietet Ihnen erstmal einen Kaffee an und setzt Sie ins Besprechungszimmer. Nach 10 Minuten gibt man Ihnen einen dicken Ordner mit Arbeitsanweisungen und dem QM-Handbuch zum Lesen. Eine Stunde später nimmt Sie der wortkarge Altgeselle mit auf eine Kundenbaustelle und entschuldigt sich dafür, dass niemand von Ihrem Arbeitsbeginn etwas wusste.

Situationsbezogene Fragen

a) Vergleichen Sie die beiden Situationen mit der Einarbeitung für neue Mitarbeiter in Ihrem Unternehmen. Wie verläuft der erste Arbeitstag eines neuen Mitarbeiters in Ihrem Unternehmen?

b) Je nach Verantwortungsbereich und Tätigkeiten ist die Einarbeitung von neuen Mitarbeitern unterschiedlich zu gestalten und dauert unterschiedlich lange. Erstellen Sie den Einarbeitungsplan eines Mitarbeiters (Facharbeiterqualifikation und zukünftig ohne Führungsverantwortung) beispielhaft für Ihr Unternehmen für die ersten Arbeitstage. Als Anregung können Sie die folgende Tabelle erweitern.

Datum/Zeitpunkt	Aufgabe/Inhalte	verantwortlich

Führungskräfte und Kollegen verwenden häufig bewusst oder unbewusst Negativ-Strategien bei der Einarbeitung (Schonung – Überstrapazieren – Ins kalte Wasser werfen). Welche Gründe könnte es für diese Strategien im Unternehmen geben? Welche Risiken gehen davon aus?
(vgl. hierzu Lehrbuch „Personalmanagement Teil 1: Personal planen und gewinnen“, Abschnitt 2.2.5.1)

c) Als Führungskraft möchten Sie die Einarbeitung neuer Mitarbeiter optimal gestalten. Deshalb führen Sie in der Einarbeitungszeit regelmäßig Feedback-Gespräche mit neuen Mitarbeitern durch. Beurteilen Sie die folgenden Formulierungen aus Feedback-Gesprächen.
Lesen Sie die Zusammenfassung zu den Feedback-Regeln unten, bevor Sie die Aufgabe lösen!

Formulierung	gute Formulierung	eher ungünstig
Sie scheinen Probleme damit zu haben, Ihre Kollegen zu fragen, wenn Sie die Aufgabe nicht verstanden haben.		
Ich wünsche mir, dass Sie fragen, wenn Sie eine Aufgabe nicht verstanden haben. Dann können wir das Problem gemeinsam klären.		
Ich finde es toll, wie gut Sie schon nach wenigen Tagen Kundenanfragen beantworten.		
Warum schaffen Sie es nicht, jeden Tag pünktlich bei der Arbeit zu sein?		
Sie benötigen unbedingt ein besseres Zeitmanagement.		
Mir ist gestern bei deiner Präsentation aufgefallen, dass mehrere Rechtschreibfehler auf den Folien waren.		
Darf ich dir eine Rückmeldung zu dem Kundengespräch geben, das ich soeben unabsichtlich mitgehört habe?		
So können Sie mit dem Auszubildenden nicht umspringen.		
Dass du den Stundenzettel zu spät abgibst, passiert dir doch regelmäßig.		
Wie können wir es gemeinsam schaffen, dass wir den Monatsbericht nicht immer auf den letzten Drücker abgeben?		

Wählen Sie zwei Formulierungen aus, die für Sie in die Kategorie „eher ungünstig" fallen und formulieren Sie das Feedback positiv.

Feedback-Regeln

- Feedback soll nur beschreiben und keine Bewertung vornehmen.
- Feedback soll zeitnah erfolgen zum Erlebten oder Wahrgenommenen.
- Feedback soll zu einem konkreten Vorfall erfolgen und nicht verallgemeinern.
- Es werden keine Vermutungen angestellt zu den Motiven des Handelns.
- Feedback wird nur zu Verhaltensweisen oder Sachverhalten gegeben, die die Person ändern kann.
- Feedback muss erwünscht sein.
- Sende Ich-Botschaften.
- Verknüpfe das Feedback möglichst mit einem Wunsch und einer Erwartung an das Gegenüber.

3. Personalmarketingkonzept planen, umsetzen und überprüfen, Mitarbeiter und Mitarbeiterinnen gewinnen und auswählen

Erforderliche Kompetenzen

- Ein Personalmarketingkonzept entwickeln und umsetzen.
- Eine Arbeitgebermarke aufbauen.
- Instrumente der Personalbeschaffung anwenden.
- Geeignete Mitarbeiter auswählen.

3.1 Situationsbezogene Aufgabe „Personalmarketingkonzept entwickeln und umsetzen“

(Bearbeitungszeit ca. 45 Minuten)

Handlungssituation

Karla Fritsch hat von ihrem Vater das Familienunternehmen Fritsch-Elektrik übernommen. Die Auftragslage ist sehr gut. Das Unternehmen hat in der Region einen sehr guten Ruf. Zu zahlreichen Privatkunden und gewerblichen Kunden bestehen langjährige Geschäftsbeziehungen. Die Unternehmerin könnte ihre Marktaktivitäten sogar noch erweitern, wäre da nicht die komplizierte Personalsituation. Noch vor zwei Jahren beschäftigte das Unternehmen 25 Mitarbeiter, davon 21 im gewerblichen Bereich. Nun ist die Situation anders. 4 Elektriker und eine kaufmännische Kraft haben das Unternehmen im letzten Jahr verlassen, und die Stellen konnten nicht neu mit Fachkräften besetzt werden. Folgende Gründe haben die Mitarbeiter für ihre Kündigung angeführt:

- Woanders wird mehr gezahlt, und auch sonst werden mehr Zusatzleistungen geboten.
- Es gibt in den Großbetrieben der Region mehr Entwicklungsmöglichkeiten und Weiterbildung.
- Die Arbeitszeiten sind zu starr, um sie mit der Familie in Einklang zu bringen.
- Alle haben bei der Kündigung betont, dass das Betriebsklima sehr gut sei.

Lediglich für das Büro gibt es neuerdings eine Aushilfe auf Minijob-Basis.

Die Anzeigen für die freien Stellen sind bisher nur auf der Webseite des Unternehmens platziert. Karla Fritsch macht sich Gedanken darüber, wie sie das Personalmarketing des Unternehmens verbessern kann.

Situationsbezogene Fragen

a) Welche internen Analysen sollte Karla Fritsch vornehmen, um ein tragfähiges Personalmarketingkonzept zu entwickeln?

b) Offenbar haben die Kündigungen der Mitarbeiter sowohl interne als auch externe Gründe.

Welche Möglichkeiten hat das Unternehmen, mithilfe von internen und externen Personalmarketingmaßnahmen die Personalsituation zu verbessern?

c) Bei einem Unternehmerinnen-Stammtisch hat Karla Fritsch einen Vortrag zum Thema „Entwicklung einer Arbeitgebermarke“ gehört. Sie findet das Konzept für ihr mittelständisches Handwerksunternehmen eine Nummer zu groß. Welche Elemente des „Employer Brandings“ könnte die Unternehmerin dennoch für ihr Personalmarketing nutzen?

3.2 Situationsbezogene Aufgabe „Personalauswahl“

(Bearbeitungszeit ca. 45 Minuten)

Handlungssituation

In Kunststadt mit seinen 76.000 Einwohnern gibt es ein städtisches Theater, welches über die Stadtgrenzen hinaus bekannt ist. Zu den Aufführungen des Sommerfestivals kommen jedes Jahr viele Besucher aus dem In- und Ausland. In der Herrenschneiderei des Theaters ist eine freie Stelle zu besetzen.

Situationsbezogene Fragen

a) Die Stelle soll in einer Internet-Jobbörse und auf der Homepage von Kunststadt ausgeschrieben werden. Überprüfen Sie, ob der folgende Entwurf den Anforderungen an eine Stellenausschreibung entspricht.

Das Städtische Theater in Kunststadt hat sich mit seinem modernen Repertoire und seinem Sommerfestival national und international einen Namen gemacht. Auf dem Spielplan stehen Oper, Operette und Schauspiel aber auch Musicals und Ballett. Modernes Theater mit Tradition zu verknüpfen, ist unser täglicher Anspruch.

Wir suchen zum Beginn der neuen Spielzeit im Spätsommer einen

Herrenschneider (m/w)

Ihr Profil

- abgeschlossene Ausbildung im Herrenschneiderhandwerk
- mindestens 5 Jahre Berufserfahrung, bevorzugt an Theatern
- Bereitschaft im Bedarfsfall Garderobendienst zu übernehmen
- Deutsch als Muttersprache

Wir bieten:

- ein sehr interessantes abwechslungsreiches Aufgabengebiet in einem kulturell interessanten Umfeld
- Betriebliche Altersvorsorge
- Betriebsrestaurant
- Jobrad oder Jobticket
- Vergütung nach Haustarifvertrag

Schwerbehinderte Bewerber/innen werden bei gleicher Eignung, Befähigung und fachlicher Leistung vorrangig berücksichtigt.

Ihre Bewerbungsunterlagen mit Foto (Onlinebewerbungen bitte nur ein PDF) senden Sie bitte an das

Städtisches Theater Kunststadt
Frau Violetta la Traviata
Große Theaterstraße 25
00000 Kunststadt
bewerbung@theater-kunststadt.de

Kosten, die Ihnen durch die Einladung zum Vorstellungsgespräch entstehen, können durch uns leider nicht übernommen werden.

b) Für die Stelle liegen 3 Bewerbungen vor. Nach welchen Kriterien prüfen Sie die Bewerbungsunterlagen?

c) Um im Bewerbungsverfahren die Chancengleichheit zu wahren, entschließen Sie sich zu einem strukturierten Gespräch. Erstellen Sie einen Leitfaden für den Ablauf des Gespräches.

II. Lösungshinweise zu den situationsbezogenen Aufgaben

1. Die Unternehmenskultur

1.1 Überprüfen der gewachsenen Unternehmenskultur

a) Nach dem Kultur-Ebenen-Modell von E. Schein zeigt sich die Unternehmenskultur an den Ebenen „Grundannahmen und Überzeugungen", „Werte und Normen" und „Wahrnehmbare Erscheinungen". Beschreiben Sie Beispiele für die untere und mittlere Ebene, wie sie in einem Familienbetrieb mit so langer Tradition vorkommen können.

Auf der unteren Ebene des Kultur-Ebenen-Modells nach E. Schein werden die Grundannahmen und Überzeugungen, die im Unternehmen gelten, beschrieben. Diese Werte sind selbstverständlich und werden nicht näher besprochen. Den meisten Mitarbeitern sind diese Werte gar nicht bewusst.

Zu diesen Grundannahmen im Unternehmen von Peter Grube gehört vermutlich, dass die fürsorgliche und patriarchalische Führungskultur bisher von den Mitarbeitern nicht infrage gestellt wurde. Jetzt geschieht das gerade durch die jüngeren Mitarbeiter und Auszubildenden. Andere Überzeugungen und Grundannahmen sind die von allen Mitarbeitern getragene Einstellung zur Arbeit, das Menschenbild von Inhaber und Mitarbeitern oder auch die Verantwortung des Unternehmens gegenüber der Umwelt.

Die mittlere Ebene der Werte und Normen ist den Beteiligten teilweise bewusst, anderes davon ist unbewusst. Dazu könnte der Anspruch von Peter Grube gehören, dass die Tradition und Geschichte des Unternehmens auch unter seiner Führung bewahrt wird. Das Feiern von Firmenjubiläen könnte dazu gehören.

b) Wie äußern sich die „Grundannahmen und Überzeugungen" sowie die „Werte und Normen" in wahrnehmbarem (sichtbarem) Verhalten der Mitarbeiter?

Das „Ausleben" und „Bewahren" der Grundannahmen und Überzeugungen kann sich unter anderem im Verhalten der älteren Vorarbeiter gegenüber den Auszubildenden zeigen. Wenn zu diesen Grundannahmen die Einstellung des früheren Chefs gehörte „Lehrjahre sind keine Herrenjahre", dann kann es sein, dass sich die Auszubildenden nicht fair behandelt fühlen. Die älteren Mitarbeiter könnten auch Schwierigkeiten damit haben, dass Peter Grube von seinen Mitarbeitern mehr Eigeninitiative erwartet. Sein Vater hatte ja alles weitgehend vorgegeben.

Beispiele für Werte und Normen

Wert/Norm	Sichtbares Verhalten der Mitarbeiter
Pünktlichkeit	Einhaltung von Zeitplänen und Terminabsprachen beim Kunden.
Serviceorientierung	Ansprechbarkeit der Mitarbeiter während der Servicezeiten des Unternehmens, offenes Ohr für die Kundenwünsche.
Der Kunde ist König	Stetes Bemühen, die Bedürfnisse des Kunden zu erfüllen; Kulanz bei Kundenbeschwerden.
Wertschätzender Umgang mit anderen	Angemessene Kommunikation der Mitarbeiter untereinander, Toleranz und Respektieren anderer Meinungen, angemessener Umgang mit Konflikten.
Bestmögliche Qualität liefern	Abwicklung von Kundenaufträgen jederzeit mit Sorgfalt, Kontrolle der eigenen Arbeit.

c) In den Diskussionen zwischen den älteren Mitarbeitern, den jüngeren und den Auszubildenden ist immer wieder festzustellen, dass die Generationen unterschiedlich „ticken". Beschreiben Sie typische Wertekonflikte, wie sie zwischen den Generationen auftreten können. Nehmen Sie dabei Bezug auf das Eisbergmodell.

Das Eisbergmodell sieht Werte, Normen und Regeln unsichtbar unter der Wasseroberfläche. Strukturen und Verhalten sind sichtbar - also über der Wasseroberfläche.

Wertekonflikte zwischen den Generationen unterhalb der Wasserlinie könnten entstehen, wenn ältere Mitarbeiter der Meinung sind, die jüngeren würden sich nicht an bestimmte Regeln halten, wie z. B. jeden Morgen pünktlich zur Arbeit zu erscheinen. Die jüngeren wiederum haben ein entspannteres Verhältnis zur Ansage „Arbeitsbeginn Punkt 7 Uhr", weil sie der Meinung sind, die Arbeit auch dann zu schaffen, wenn sie 10 Minuten später kommen. Andererseits sind sie ja auch ohne große Diskussionen bereit, einmal eine Viertelstunde länger zu arbeiten.

Andere Beispiele für Wertekonflikte zwischen den Generationen:

- Erfahrungswissen der Älteren („das haben wir schon immer so gemacht") trifft den Wunsch der Jüngeren, innovative Arbeitsmittel einzusetzen (z. B. digitale Auftragsverwaltung).
- Hohe Bindung der älteren Mitarbeiter an das Unternehmen aus Verantwortungsbewusstsein gegenüber dem Chef und den Kunden trifft auf schnelle Bereitschaft der jüngeren, sich einen anderen Job zu suchen, wenn es anderswo besser zu sein scheint.
- Festhalten der Älteren an einer gewissen Hierarchie im Unternehmen: Inhaber - Meister - Altgeselle - jüngerer Geselle - Auszubildender.

Die Jüngeren glauben nicht an den Mehrwert solcher Hierarchien und wünschen sich mehr Mitsprache.

- Oberhalb der Wasseroberfläche (Verhalten) könnte es Konflikte geben, weil die Generationen auf unterschiedlichen Ebenen (Stichwort sogenannte „Jugendsprache“) und auf unterschiedlichen Kanälen (digital vs. analog) kommunizieren.

(Literaturhinweis: Lehrbuch „Personalmanagement - Teil 1: Personal planen und gewinnen“, Abschnitte 1.1 und 1.2)

1.2 Erkennen der strategischen Bedeutung einer Unternehmenskultur

a) Welche Funktionen hat eine starke und positive Unternehmenskultur?

- Förderung der Identifikation der Mitarbeiter mit dem Unternehmen.
- Stärkung des Wir-Gefühls aller Mitarbeiter.
- Handlungsorientierung nach innen, z. B. durch Vereinheitlichung der Kommunikation und gemeinsames Handeln bei der Lösung von Problemen.
- Handlungsorientierung nach außen, z. B. im Umgang mit Kunden, Lieferanten und Wettbewerbern.
- Imageförderung als Arbeitgeber.
- Resilienz des Unternehmens in Transformationsprozessen und Krisenzeiten.

b) Welchen Einfluss hat der sogenannte Wertewandel auf Veränderungen der Unternehmenskultur?

Mitarbeiter sehen die Arbeit nicht mehr als Lebensinhalt, dem sich das Privatleben im Zweifel unterzuordnen hat. Es findet eine Verschiebung von Werten wie Disziplin, Hierarchiedenken und Fleiß statt hin zum Wunsch nach Selbstverwirklichung und Abwechslung im Arbeitsleben. Arbeit und Freizeit/Familie müssen miteinander vereinbar sein. Kann ein Arbeitgeber diese Bedürfnisse nicht befriedigen, hat die neue Generation von Arbeitnehmern kein Problem damit, eine neue berufliche Herausforderung in einem anderen Unternehmen zu suchen. Die Bindung des Mitarbeiters an ein Unternehmen ist nicht mehr so stark.

Besonders deutlich wird das in den Ansprüchen und Erwartungen der Generationen an Arbeitgeber. Die unten beschriebenen Ansprüche werden

den Generationen zugeschrieben, um damit eine Erklärung zu geben für ein bestimmtes gruppendynamisches Verhalten.

Generation (Geburtsjahrgänge)	Ansprüche
Baby-Boomer	
(ca. 1950 - 1960)	Sicherer Arbeitsplatz, Karrierechancen im Unternehmen, klare Führungskultur.
Generation X	
(ca. 1965 - 1979)	Vereinbarkeit von Familie und Beruf, wertschätzende Führungskultur, gutes Einkommen, langfristige Perspektive im Unternehmen.
Generation Y	
(ca. 1980 - 1994)	Priorisierung der Work-Life Balance, flache Hierarchien, Förderung der Individualität des Einzelnen, positives Arbeitsklima.
Generation Z	
(ca. 1995 - 2009; „Millenials")	Wunsch nach freier Entfaltung im Unternehmen, Abwechslung im Berufsalltag, das Werben des Arbeitgebers um den Mitarbeiter muss spürbar sein.

Einfluss des Wertewandels auf die Unternehmenskultur:

- mehr Mitsprachemöglichkeiten der Mitarbeiter
- Förderung flexibler Arbeitszeitmodelle
- größeren Entscheidungsspielraum der Mitarbeiter ermöglichen
- flache Hierarchien
- Entwicklung eines situativen und partizipativen Führungsstils.

c) Warum ist es in der Situation wichtig, dass die Brandschutz GmbH nicht einfach darauf vertraut, dass die Mitarbeiter des übernommenen Betriebes sich schnell an die herrschende Unternehmenskultur gewöhnen werden?

Die Unternehmenskultur wächst über einen längeren Zeitraum und entwickelt sich beständig weiter. Mit der Gründung eines Unternehmens wird der Grundstein für die Unternehmenskultur gelegt. In inhabergeführten Unternehmen prägt die Person des Gründers oder seiner Nachfahren die Unternehmenskultur besonders stark. Die Werte und Normen (unsichtbarer Teil des Eisbergs) werden vom Eigentümer mehr oder weniger vorgelebt und von den Mitarbeitern übernommen. Im Fallbeispiel ist anzunehmen, dass das kleinere Unternehmen mit 10 Mitarbeitern, welches übernommen wird, stark ausgeprägte Werte und Normen eines Familienunternehmens hat. Die Brandschutz GmbH hat neunmal so viele Mitarbeiter und wahrscheinlich völlig andere Strukturen und Prozessabläufe. Die Mitarbeiter kennen und leben die spezielle Unternehmenskultur der Brandschutz GmbH.

Im Zuge der Übernahme wird die Brandschutz GmbH betriebswirtschaftliche und organisatorische Prozesse anpassen. Das betrifft den sichtbaren

Teil des Eisbergs (Verhalten und Strukturen) und verlangt den Mitarbeitern des Übernahmekandidaten viel ab.

Die Brandschutz GmbH hat großes Interesse daran, dass die Mitarbeiter des übernommenen Unternehmens weiterhin ausgezeichnete Arbeit beim Kunden leisten. Die Kundenbeziehungen sind über Jahre gewachsen, und man verspricht sich von der Übernahme mehr Wirtschaftsleistung. Auch die Kunden des Übernahmeunternehmens sind an die Unternehmenskultur ihres langjährigen Servicepartners gewöhnt.

Änderungen, die die Kunden als nachteilig empfinden, könnten zu einer abnehmenden Kundenzufriedenheit führen und ggf. zu weniger erfolgreichen Geschäftsbeziehungen. Es ist also notwendig, dass das fusionierte Unternehmen die Vorteile und Nachteile beider Unternehmenskulturen analysiert und die Stärken und Schwächen beider Kulturen benennt.

Gemeinsamkeiten müssen herausgestellt werden, und davon ausgehend sollte eine neue Unternehmenskultur mit dem Besten aus beiden Kulturen entstehen. In diesen Prozess sollten Mitarbeiter aller Ebenen aus beiden Unternehmen eingebunden sein.

(Literaturhinweis: Lehrbuch „Personalmanagement - Teil 1: Personal planen und gewinnen“, Abschnitte 1.3 und 1.4)

1.3 Vermitteln und Gestalten von Wertvorstellungen und Normen des Betriebes

a) Welche Funktionen hat ein Unternehmensleitbild nach innen und außen?

Nach innen	Nach außen
• Orientierung für die Mitarbeitenden. • Welche Vision und Mission haben wir? **Selbstverpflichtung:** • Welche Ansprüche an Qualität und Quantität der Arbeit haben wir an uns? • Welche Werte sind uns wichtig? • Wie gehen wir miteinander um? • Wie gestalten wir unsere Beziehungen zu den Geschäftspartnern?	• Versprechen an Kunden und Geschäftspartner. • Allgemeiner Maßstab des Handelns. • Imagepflege und Bestandteil des Marketingkonzeptes.

b) Welche Aspekte sind für die Akzeptanz des Leitbildes wichtig?

Für die Akzeptanz und Wirksamkeit des Leitbilds ist wichtig, dass es

- konkret auf den Betrieb zugeschnitten ist und nicht nur Allgemeinplätze enthält,
- für jeden Leser klar, verständlich und nachvollziehbar formuliert ist,
- sich auf das Wesentliche beschränkt,
- ehrlich gemeinte Aussagen trifft und
- realistische Ziele vorgibt.

c) Welche Herausforderungen müssen Karina Schaller und ihre Mitarbeiterinnen meistern, wenn sie sich ein Leitbild geben?

- Realistische Ziele bestimmen.
- Leitbild gemeinsam mit den Mitarbeiterinnen erarbeiten.
- Umsetzung des Leitbildes im Arbeitsalltag, insbesondere im Umgang mit den Kunden.
- Werte und Normen mit Leben erfüllen und auch in schwierigen Situationen beibehalten.

d) Geben Sie 5 Beispiele für Leitsätze, wie sie im Unternehmensleitbild des Kosmetikstudios stehen könnten.

Vorschläge für Leitsätze (beachten Sie, dass es sich hier um Beispiele handelt, die sich nur bedingt auf andere Unternehmen und Branchen übertragen lassen):

- „Wir gestalten für unsere Kunden ein einmaliges Dienstleistungserlebnis rund um das Wohlbefinden von Kopf bis Fuß."
- „Für jeden Kunden und jede Kundin erstellen wir vor der ersten Anwendung ein Hautprofil und beraten ausführlich zu den verwendeten Produkten."
- „Wir verwenden für die Kosmetik-Anwendungen und Fußpflege ausschließlich hochwertige Produkte, deren Wirksamkeit und Verträglichkeit ohne Tierversuche getestet wurden."
- „Wir halten vereinbarte Termine ohne Wenn und Aber ein."
- „Unsere Hygienestandards sind jederzeit nachprüfbar."

(Literaturhinweis: Lehrbuch „Personalmanagement – Teil II: Personal führen und entwickeln", Abschnitt 1.4)

1.4 Veränderungsprozesse gestalten und deren Erfolg bewerten

a) Welche Vorteile hätte es für das Unternehmen, ausländische Auszubildende und Mitarbeiter einzustellen?

Mit der Einstellung ausländischer Arbeitskräfte kann das Unternehmen den Bedarf an Arbeitskräften zunächst erst einmal kurzfristig sicherstellen. Wenn sich das Unternehmen darüber hinaus entschließt, auch Bewerber um Ausbildungsstellen aus dem Ausland zu berücksichtigen, hilft das mittel- und langfristig, den Fachkräftebedarf zu sichern.

Das Unternehmen kann von der Erfahrung und den unterschiedlichen Normen und Werten der neuen Mitarbeiter profitieren, weil die Belegschaft vielfältiger wird und es einen Austausch von Werten und Kulturen gibt. Unter den Mitarbeitenden entsteht mehr Offenheit für Diversität, weil Vorurteile abgebaut werden.

Außerdem kann das Unternehmen vielleicht sogar neue Kunden gewinnen, wenn die neuen Kolleginnen und Kollegen neue Ideen für Produkte einbringen, die von ihren Landsleuten bevorzugt werden. Die Beziehungen zu Kunden mit gleicher Herkunft wie die Mitarbeitenden könnten aufgebaut und verstärkt werden.

b) Mit welchen Maßnahmen kann das Unternehmen die kulturelle Vielfalt im Unternehmen unterstützen?

Die Veränderung der Gesellschaft, die Globalisierung und der Arbeitskräftemangel haben in den Betrieben zu einer wachsenden Zahl von Mitarbeitern mit Migrationshintergrund geführt. Aktuell rekrutieren Handwerksbetriebe sogar ganz gezielt Auszubildende und Mitarbeiter im Ausland.

Diese Entwicklung sichert nicht nur den Arbeitskräftebedarf der Unternehmen. Die Vielfalt in der Belegschaft hilft auch bei der Bearbeitung ausländischer Märkte und bringt Vorteile im Vertrieb und der Auftragsabwicklung bei Zielgruppen mit Migrationshintergrund im Inland.

Menschen mit Migrationshintergrund sind keine homogene Gruppe. Es spielt für ihr Verhalten und ihre Wertvorstellungen eine große Rolle, aus welchem Kulturkreis sie stammen und wie lange sie bereits in Deutschland leben.

Im Sinne des Diversity-Managements gilt es, eine kulturelle Wertschätzung im Unternehmen zu verankern. Das bedeutet, dass die Unterschiede der Mitarbeiter zugelassen und nicht negativ bewertet oder kommentiert werden. Vor allem Führungskräften kommt hier eine Vorbildfunktion zu.

Maßnahmen zur Integration und Wertschätzung von Mitarbeitern mit Migrationshintergrund sind z. B.:

- korrekte Aussprache der Namen
- Beachtung der religiösen Feiertage
- Sprachtrainings
- Vermittlung der deutschen Kultur sowie grundlegender Normen und Verhaltensweisen (z. B. Rolle des Individuums in der Gesellschaft, kulturelle Vielfalt, Gleichstellung von Frauen und Männern oder Zeitverständnis)
- Präsentationen und Berichte von Migrantinnen und Migranten zu ihrer Heimatkultur
- Mitarbeiterworkshops, in denen Beispielsituationen des Berufsalltags (z. B. Umgang mit Kunden oder Umgang mit Kritik) in den verschiedenen Kulturen beleuchtet und gemeinsame Regelungen erarbeitet werden
- Berücksichtigung von Ernährungsgewohnheiten und -regeln bei Betriebsveranstaltungen und Schulungen
- Übersetzungshilfen für wichtige Betriebsdokumente oder Personalgespräche.

c) Welche Bedürfnisse anderer Mitarbeitergruppen sollten im Unternehmen noch berücksichtigt werden?

Zielsetzung des Diversity-Managements ist es,

- eine positive und produktive Gesamtatmosphäre im Betrieb zu schaffen,
- eine soziale Diskriminierung von Menschen wegen Eigenschaften wie z. B. Geschlecht, Ethnie, Alter, Behinderung, sexueller Orientierung, Religion oder Lebensstil zu verhindern,
- die Chancengleichheit aller Mitarbeiter zu sichern,
- alle Mitarbeiter in ihren individuellen Fähigkeiten zu fördern,
- die in den Unterschieden liegenden Fähigkeiten und Vorzüge für den Betrieb zu nutzen sowie
- Wertschätzung und Bewusstsein für die Einzigartigkeit jedes Individuums als grundlegende Werte in der Unternehmenskultur zu verankern.

Die nachhaltige Einführung eines Diversity-Management-Konzepts erfordert in der Regel eine Veränderung der Unternehmenskultur. Um die Bedeutung des Diversity-Gedankens nach innen und außen deutlich zu machen, empfiehlt es sich, ihn auch im Leitbild zu dokumentieren.

Eine wichtige Bedeutung im Rahmen des Diversity-Managements hat der Gender-Aspekt. Gender-Management im Unternehmen umfasst die Gesamtheit aller betrieblichen Maßnahmen zur systematischen Gestaltung der Geschlechterverhältnisse, die gleichzeitig zur Verbesserung der Beschäftigungssituation von Frauen und Männern sowie zur Erhöhung der Wettbewerbsfähigkeit des Unternehmens beitragen.

Zielsetzung der Maßnahmen des Gender-Managements im Personalbereich ist zum einen, als Arbeitgeber für Frauen wie Männer attraktiv zu sein, um das bestehende Personal binden zu können und sich für die Zukunft in einem enger werdenden Arbeitsmarkt ein ausreichendes Arbeitskräftepotenzial zu sichern. Zum anderen geht es aber auch darum, das gesamte Leistungspotenzial der Mitarbeiter abrufen und die geschlechtsspezifischen Fähigkeiten und Vorzüge im Unternehmen nutzen zu können.

Zudem stärkt die Wahrnehmung einer Chancengleichheit die Motivation.

d) Woher kommen die Ängste der Mitarbeiter vor Veränderungen? Wie können Gabi und Max Gerber die Veränderungsprozesse so gestalten, dass sie von den Mitarbeitern mitgetragen werden?

Veränderungen aller Art stellen die Unternehmer und Mitarbeitenden stets vor große Herausforderungen. Obwohl die meisten Menschen Fehler im System durchaus erkennen und sich Veränderungen wünschen, haben viele Bedenken, wenn es den eigenen Tätigkeitsbereich betrifft. Dialektisch gesagt: Die Mitarbeiter wollen Veränderungen, ohne dass sich etwas ändert.

Veränderungsprozesse laufen in mehreren Phasen ab.

Exkurs:

Ein Modell in 7 Phasen beschreibt Veränderungsprozesse im Detail:

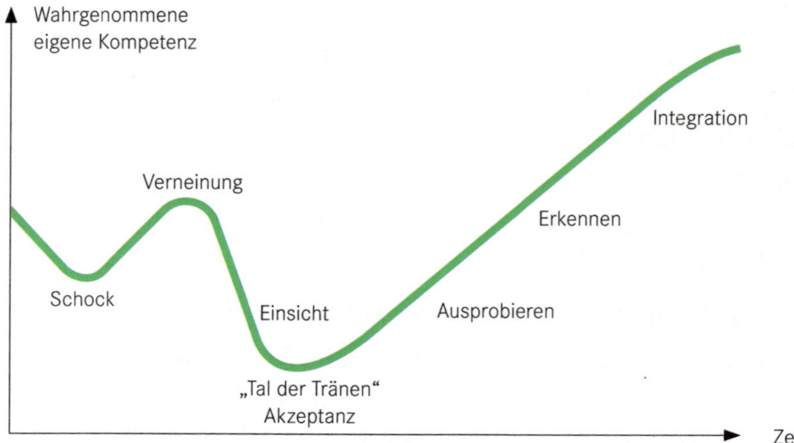

(Quelle Das Change-Management - einfach erklärt - microtech GmbH, 09.01.2023)

Was passiert bei den Mitarbeitenden in den einzelnen Phasen?

1. **Schock:** Mit Bekanntgabe von Veränderungen reagieren die meisten mit großem Erstaunen. Manche sind regelrecht schockiert, weil man nicht damit gerechnet hat, dass das Unternehmen solche Maßnahmen ergreifen will, um eine Verbesserung der Situation zu erzielen.
2. **Verneinung:** Die Notwendigkeit der Maßnahmen wird bestritten. Mitarbeiter versuchen zu beweisen, dass das alte System perfekt ist. Sie sind diesbezüglich besonders engagiert und hoch motiviert, weil sie glauben, damit die geplante Veränderung abwenden zu können.
3. **Einsicht:** Allen wird klar, dass man das Neue nicht verhindern kann. Man begibt sich ins
4. **„Tal der Tränen“.** Hier lassen Motivation und Leistungsbereitschaft der Mitarbeiter oft stark nach, weil die eigenen Fähigkeiten im Umgang mit dem Neuen als unzureichend eingeschätzt werden. Mitarbeiter, die die Veränderungen nicht mitgestalten wollen, verlassen vielleicht das Unternehmen. Im schlimmsten Fall gehen dem Unternehmen dadurch wertvolle Fachkenntnisse verloren.
5. **Ausprobieren:** Mitarbeitende freunden sich mit den Veränderungen an und probieren das Neue aus. Sie lernen, mit der neuen Situation umzugehen.

6. **Erkennen:** Im Idealfall bringen die Veränderungen dem Unternehmen und den Mitarbeitern Vorteile, weil die Arbeit besser organisiert ist, weil es genügend Personal gibt und weil die betriebswirtschaftlichen Vorteile auf der Hand liegen.
7. **Integration:** In unserem Beispiel sind die neuen Mitarbeiter aus anderen Kulturkreisen im Unternehmen integriert und akzeptiert. Sie sind Teil des Teams, und niemand denkt mehr über die anfänglichen Bedenken nach.

Die Ängste der Mitarbeiter kommen also von ihrer wahrgenommenen eigenen Kompetenz im Umgang mit anderen Kulturen. Man hat Vorurteile gegenüber dem Unbekannten und weiß nicht, wie man sich gegenüber den neuen Kolleginnen und Kollegen verhalten soll. Auch die Angst vor dem Verlust des eigenen Arbeitsplatzes kann eine Rolle spielen, wenn sich die Neuen als besser qualifiziert erweisen. Schließlich fürchtet man vielleicht auch den Verlust des eigenen Status im Team, weil ja Rollen bekanntermaßen mit jeder Veränderung im Team eventuell neu erarbeitet werden.

Gabi und Max Gerber sollten ihre Mitarbeiter also frühzeitig über die Veränderungen informieren und alle einladen, sich Gedanken darüber zu machen, wie man die Einarbeitung der neuen Mitarbeiter gestalten kann. Eventuelle Bedenken dürfen offen angesprochen und ausdiskutiert werden. Mitarbeitende, die bisher keine Erfahrungen mit den Werten und der Kultur der neuen Kolleginnen und Kollegen haben, sollen die Gelegenheit erhalten, sich objektiv darüber zu informieren. Mögliches Konfliktpotenzial wird angesprochen, und die Unternehmer sollen stets Ansprechpartner für alle Kolleginnen und Kollegen sein. Wo es Sprachprobleme gibt, sollte das Unternehmen die neuen Mitarbeitenden beim Erwerb der Sprache unterstützen, damit die Verständigung keine zusätzlichen Probleme macht.

(Literaturhinweis: Lehrbuch „Personalmanagement - Teil 1: Personal planen und gewinnen“, Abschnitte 1.4.3 und 1.5)

2. Quantitative und qualitative Personalplanung entwickeln und bedarfsgerecht anpassen

2.1 Auswahl und Anwendung von geeigneten Instrumenten der Personalplanung

a) Welche Aufgabenfelder der Personalplanung muss Franziska Schuler im Auge behalten?

Die Personalplanung tangiert zahlreiche Aufgabenfelder des betrieblichen Personalwesens. Sie lässt sich folgendermaßen untergliedern:

- **Personalbestandsplanung:** Wie wird sich der bisherige Personalbestand durch quantitative und qualitative Veränderungen bis zu einem bestimmten, in der Zukunft liegenden Zeitpunkt entwickeln?
- **Personalbedarfsplanung:** Wie viele Mitarbeiter werden zukünftig im Betrieb benötigt, und welche Anforderungen müssen sie erfüllen?
- **Personalbeschaffungsplanung:** Wo kommen die in Zukunft zusätzlich benötigten Mitarbeiter her, und wie sollen sie angeworben werden?
- **Personalfreistellungsplanung:** Wie kann eine Überbesetzung im Betrieb abgebaut werden?
- **Personaleinsatzplanung:** Welcher Arbeitsplatz soll welchem Mitarbeiter zugeordnet werden, und wie lässt sich sicherstellen, dass jeder Mitarbeiter schnellst- und bestmöglich seiner Arbeit nachgehen kann?
- **Personalentwicklungsplanung:** Wie können die Kompetenzen der Mitarbeiter den zukünftig an sie gestellten Anforderungen angepasst werden, und mit welchen Maßnahmen lässt sich die Personalqualifikation im Betrieb erhalten und steigern?
- **Personalkostenplanung:** Mit welchen Kosten ist bei einer Umsetzung aller Maßnahmen im Personalbereich zu rechnen?

b) Welche internen und externen Bestimmungsgrößen müssen berücksichtigt werden?

Zu den **internen Determinanten** zählen unter anderem:

- Unternehmensstrategie
- Organisationsstruktur
- Produktivität im Betrieb
- Maschinenausstattung

- Platzverhältnisse
- Altersstruktur der Belegschaft
- Qualifikationsstruktur
- die zeitlichen Anforderungen aus der Produkt- und Leistungserstellung (z. B. Schichtarbeit, Ladenöffnungszeiten)
- Entgeltsystem
- Fluktuationsquote
- Fehlzeiten (z. B. Krankheiten, Elternzeit, Kuraufenthalte).

Externe Determinanten der Personalplanung sind z. B.:

- gesamtwirtschaftliche Entwicklung
- Verhalten des Wettbewerbs
- gesetzliche Veränderungen (z. B. Arbeitsrecht, Tarifentwicklung)
- technische Entwicklung
- Entwicklung des Arbeitsmarktes
- Entwicklung der Bevölkerung (z. B. demografischer Wandel).

(Literaturhinweis: Lehrbuch „Personalmanagement - Teil 1: Personal planen und gewinnen“, Abschnitt 2.1)

2.2 Ermitteln des quantitativen Personalbedarfs

a) Zurzeit arbeiten in der Fertigung 18 fest angestellte Kunsthandwerker. Dieser Bestand soll auf 22 aufgestockt werden. Folgende Veränderungen in der Fertigung sind bekannt:

- **3 Mitarbeiterinnen gehen in den Ruhestand.**
- **1 Mitarbeiter hat gekündigt.**
- **2 Mitarbeiterinnen möchten ihre Arbeitszeit von 100 % auf 50 % reduzieren.**
- **1 Mitarbeiter hat aus Verhaltensgründen die Kündigung erhalten.**
- **2 Auszubildende werden übernommen.**
- **2 Aushilfen werden fest eingestellt und haben schon einen Vollzeit-Arbeitsvertrag unterschrieben.**

Ermitteln Sie den Netto-Personalbedarf für die Abteilung Fertigung der Räuchermännchen OHG.

Abgänge/Zugänge	Anzahl	Vorgang
Soll-Bedarf zukünftig (Bruttopersonalbedarf)	22	geplante Aufstockung von 18 auf 22 MA
Ist-Bestand aktuell	- 18	Personalbestand am Erfassungsstichtag
Abgänge	+ 3	Ruhestand
	+ 1	Kündigung durch den AN
	+ 1	(2 x 0,5) MA mit Reduzierung der Arbeitszeit (50 %)
	+ 1	Kündigung durch den AG
Zugänge	- 2	Übernahme von Auszubildenden
	- 2	Einstellung von 2 Vollzeit-MA
Netto-Personalbedarf	6	Es müssten noch 6 Vollzeitäquivalente in der Produktion eingestellt werden, um den Personalbedarf zukünftig zu decken.

b) Das Unternehmen ist mit zwei Verkaufsständen auf den Weihnachtsmärkten in einer Großstadt präsent. Die Verkaufsstände werden mit Saisonkräften abgesichert. Folgende Öffnungszeiten und Personalbedarfe müssen berücksichtigt werden.

Öffnungszeiten der Weihnachtsmärkte:

- **Vom 25.11. bis zum 23.12. täglich von 10 bis 20 Uhr**
- **2 Verkaufsstände mit jeweils 2 Mitarbeiterinnen über die gesamte Öffnungszeit**
- **Samstags und sonntags an jedem Stand eine zusätzliche Verkaufskraft über die gesamte Öffnungszeit**
- **Reservebedarf 10 %**

Ermitteln Sie den Gesamt-Personaleinsatzbedarf in Stunden für den Weihnachtsmarkt. Verwenden Sie den Kalender in der Grafik.

	Anzahl Tage insgesamt	Öffnungszeit in Stunden pro Tag	Anzahl MA an 2 Ständen gesamt	Stunden gesamt
Montag bis Freitag	21	10	4	840 h
Samstag und Sonntag	8	10	6	480 h
Summe				1.320 h
Reservebedarf 10 %				+ 132 h
Personaleinsatzbedarf in Mitarbeiterstunden				1452 h

c) Aus Amerika gibt es eine Anfrage für einen Sonderauftrag. Der amerikanische Geschäftspartner möchte 100 Räuchermännchen und 100 Räucherfrauen als Porträts der aktuellen Oscar-Preisträger des Jahres bestellen.

Wie viele Mitarbeiter müssen für die Herstellung eingeplant werden? Die Mitarbeiter arbeiten 32 Stunden pro Woche, und der Auftrag soll in 3 Wochen bearbeitet sein.

- **Drechselei** — **20 min pro Figur**
- **Montage** — **5 min pro Figur**
- **Figuren bemalen** — **25 min pro Figur**
- **Qualitätskontrolle und Verpacken** — **4 min pro Figur**
- **Verteilzeit pro Mengeneinheit** — **4 min pro Figur**
- **Rüstzeit je Modell** — **60 min**

Anzahl	Arbeitsgang	Einzelzeit	Gesamtzeit
200	Drechselei	20 min	4.000 min
200	Montage	5 min	1.000 min
200	Bemalung	25 min	5.000 min
200	Kontrolle + Verpackung	4 min	800 min
200	Verteilzeit	4 min	800 min
2	Rüstzeit je Modell (Räuchermann und Räucherfrau)	60 min	120 min
	Summe		11.720 min
	in Stunden		196 Stunden
	wöchentliche Arbeitszeit der MA	32 h	6,1 MA
	max. Auftragszeit	3 Wochen	2,03 MA

Es werden ca. 6 Mitarbeiter mit einer wöchentlichen Arbeitszeit von 32 Stunden benötigt, um den Auftrag in einer Woche zu bearbeiten. Es würden also rechnerisch ca. 2 Mitarbeiter ausreichen, um den Auftrag in 3 Wochen zu bearbeiten, wenn die MA jeden Tag wenige Minuten länger arbeiten würden. Diese quantitative Planung berücksichtigt allerdings nicht die Qualifikationen der Mitarbeiter.

(Literaturhinweis: Lehrbuch „Personalmanagement - Teil 1: Personal planen und gewinnen“, Abschnitt 2.2)

2.3 Ermitteln des qualitativen Personalbedarfs

a) Welche Vorteile hat die Erarbeitung einer Stellenbeschreibung nach diesem Muster?

Die Erarbeitung einer Stellenbeschreibung hat folgende Vorteile:

- Verbesserung der Abläufe im Betrieb.
- Klärung von Aufgaben, Kompetenzen und Befugnissen für den Stelleninhaber.
- Optimierung der Einarbeitung neuer Mitarbeiter.
- Grundlage für Personalentwicklung.
- In Verbindung mit dem Anforderungsprofil: leichtere Erarbeitung einer Stellenausschreibung, Verbesserung des Prozesses der Personalauswahl.

b) Um die Stelle optimal besetzen zu können, wollen die beiden Firmeninhaber außerdem ein Anforderungsprofil erarbeiten. Sie haben sich für das nachfolgende Schema entschieden. Beurteilen Sie anhand der Stellenbeschreibung die Relevanz der Anforderungen für die Stelle der Vertriebsassistenz.

Wie haben Sie sich entschieden? Für das Anforderungsprofil gibt es keine „Musterlösung". Es könnten auch noch andere Kriterien für die Anforderungen definiert werden. Für die Stellenausschreibung und -besetzung ist es hilfreich, die Anforderungen realistisch zu definieren. Alle Kriterien mit „sehr wichtig" zu kennzeichnen, führt eventuell dazu, dass man bei der Suche nach dem perfekten Kandidaten zu hohe Anforderungen stellt und die Stelle nicht besetzt werden kann. Eine Stelle sollte außerdem noch Entwicklungspotenzial für den Stelleninhaber haben.

(Literaturhinweis: Lehrbuch „Personalmanagement – Teil 1: Personal planen und gewinnen", Abschnitt 2.2.4)

2.4 Beheben von Personalüberdeckung und Personalüberhängen

a) Welche Maßnahmen sollte Franz Dahlem ergreifen? Beurteilen Sie die jeweiligen Maßnahmen im Hinblick auf ihre kurzfristige und langfristige Wirksamkeit auf den Personalbestand und die Personalkosten.

Maßnahmen **ohne Reduzierung** der Belegschaft:

- Abbau von Überstunden
- Abbau der Arbeitnehmerüberlassung

- Arbeitszeitverkürzung
- Kurzarbeit
- Versetzung
- Umschulung

Maßnahmen **mit Reduzierung** der Belegschaft:

- keine Verlängerung befristeter Verträge
- Förderung des freiwilligen Ausscheidens
- betriebsbedingte Kündigung

Für die Auswahl der geeigneten Maßnahme spielen verschiedene Aspekte eine Rolle. Zu berücksichtigen ist, wie lange der Personalüberhang andauern wird, wie schnell ein Abbau greifen muss und wie viele Mitarbeiter tatsächlich betroffen sind. Die Entlassung gut qualifizierter und eingearbeiteter Mitarbeiter ist für einen Betrieb ein herber Verlust und schlecht für die Motivation der Gesamtbelegschaft. Gerade in Gewerken mit Fachkräftemangel wird jeder Betrieb versuchen, eine Entlassung durch andere Maßnahmen zu verhindern.

b) Da der Unternehmer hofft, dass er die Auftragslage bald wieder verbessern kann, erwägt er, seine Mitarbeiter in Kurzarbeit zu schicken. Erarbeiten Sie die Voraussetzungen und Bedingungen, unter denen Kurzarbeit beantragt werden kann.

Die Voraussetzungen für die Beantragung und den Bezug von Kurzarbeitergeld sind im Sozialgesetzbuch III (§§ 95 bis 111a) geregelt.

Einige Vorschriften sind aufgrund aktueller Gegebenheiten mehrfach angepasst worden, so z. B. Zugangserleichterungen aufgrund der Corona-Pandemie. Der aktuelle Rechtsstand ist jeweils zu berücksichtigen.

Persönliche Voraussetzungen des Arbeitnehmers	Voraussetzungen im Unternehmen
Bestehen eines sozialversicherungspflichtigen Beschäftigungsverhältnisses (Fortsetzung eines bestehenden AV, Anschluss an die Berufsausbildung). Arbeitsverhältnis ist nicht gekündigt oder durch Aufhebungsvertrag aufgelöst. Arbeitnehmer bezieht kein Krankengeld (Achtung: Innerhalb der sechswöchigen Entgeltfortzahlung durch den Arbeitgeber besteht Anspruch auf Kurzarbeitergeld).	Erheblicher Arbeitsausfall, der bei der Agentur für Arbeit angezeigt wurde: • nur vorübergehend • unvermeidbar • wirtschaftliche Gründe, die auch durch andere Maßnahmen im Unternehmen nicht abwendbar sind • Mindestens ein Drittel der Arbeitnehmer ist betroffen • Entgeltausfall mindestens 10 % für die betroffenen Arbeitnehmer.

Für den Bezug von Saison-Kurzarbeitergeld in der Bauwirtschaft gelten Sonderregelungen.

c) Das Unternehmen bildet auch Lehrlinge aus. Erläutern Sie die Nachteile für das Unternehmen, wenn sich Franz Dahlem dafür entscheidet, die beiden Auszubildenden dieses Jahres wegen der Personalüberdeckung nicht in ein Anstellungsverhältnis zu übernehmen.

Wenn der Unternehmer die Auszubildenden nach erfolgreichem Bestehen der Abschlussprüfung nicht übernimmt, hilft das kurzfristig, um nicht noch mehr Personalüberhang aufzubauen. Strategisch ist diese Entscheidung jedoch nicht zu empfehlen. Der Unternehmer hat viel Zeit und Geld in die Ausbildung investiert. Dieser materielle und ideelle Einsatz ist dann „verloren". Außerdem fehlen genau diese Fachkräfte dem Unternehmen, wenn sich die Auftragslage wieder verbessert.

d) Ganz anders stellt sich die Situation für das Bauunternehmen der Gebrüder Neumann Bau KG dar, welches sich auf den Bau und die Sanierung von Mehrfamilienhäusern spezialisiert hat. Die Geschäfte laufen hervorragend. Um nicht Aufträge absagen zu müssen, überlegen die Inhaber, wie sie den Personal-Mehrbedarf decken können.

Welche Maßnahmen mit kurzfristiger Wirkung können die Unternehmer ergreifen? Beachten Sie bei Ihrem Lösungsvorschlag die gesetzlichen Rahmenbedingungen, die das Unternehmen einhalten muss.

Interne Wege der Personalbeschaffung:

- Mehrarbeit
- Urlaubsverschiebung
- Fortbildung
- Versetzung
- innerbetriebliche Stellenausschreibung

Externe Wege der Personalbeschaffung:

- Vermittlung durch MA
- Kontakte zu früheren Bewerbern
- Firmenfahrzeuge und Betriebsgebäude mit Werbung
- Nutzung des betrieblichen Netzwerks
- Stellenanzeigen
- E-Recruiting
- öffentliche Arbeitsvermittlung
- private Arbeitsvermittlung
- Personalberater
- Öffentlichkeitsarbeit

Wichtig: Für das Bauunternehmen Gebrüder Neumann Bau KG ist zu beachten, dass es zum Bauhauptgewerbe gehört. Arbeitnehmerüberlassung/Personalleasing kommt damit als Maßnahme zur Behebung der Personalunterdeckung nicht infrage.

(Literaturhinweis: Lehrbuch „Personalmanagement - Teil 1: Personal planen und gewinnen", Abschnitte 2.2.5 und 3.2)

2.5 Einarbeitung von neuem Personal organisieren

Hinweis:
Diese Aufgabe dient der Selbstreflexion. Daher gibt es für diese Aufgabe keine Lösungsvorschläge/-hinweise. Als Anregung für Ihre Lösungen lesen Sie bitte im Lehrbuch Personalmanagement - Teil 1: Personal planen und gewinnen", Abschnitt 2.3.4).

3. Personalmarketingkonzept planen, umsetzen und überprüfen, Mitarbeiter und Mitarbeiterinnen gewinnen und auswählen

3.1 Personalmarketingkonzept entwickeln und umsetzen

a) Welche internen Analysen sollte Karla Fritsch vornehmen, um ein tragfähiges Personalmarketingkonzept zu entwickeln?

Ausgangspunkt der Konzepterstellung ist die Klärung der aktuellen Unternehmenssituation. Dazu dienen Fragestellungen wie etwa:

- Welchen quantitativen und qualitativen Personalbedarf gibt es im Unternehmen?
- Welche Anforderungsprofile gibt es zukünftig im Unternehmen?
- Nach welchen Arbeitskräften wird gesucht?
- Wo sind diese Arbeitskräfte zu finden?
- Wie stellt sich der Arbeitsmarkt im Moment dar?
- Mit welchen Entwicklungen ist auf dem Arbeitsmarkt zu rechnen?
- Welche Bedürfnisse und Wertvorstellungen haben die gesuchten Bewerber?
- Was macht für diese Bewerber aktuell einen attraktiven Arbeitgeber aus?
- Nach welchen Informationen suchen sie?
- Welche Kommunikationskanäle nutzen sie?
- Welches Image hat das Unternehmen intern und extern?
- Welchen Bekanntheitsgrad hat das Unternehmen?
- Welche Instrumente werden bisher im internen und externen Personalmarketing genutzt?
- Wie hoch ist die Fluktuationsrate im Unternehmen?
- Wie viele Initiativbewerbungen erhält das Unternehmen?
- Wie viele geeignete Bewerber gibt es auf konkrete Stellenangebote?

Im zweiten Schritt werden die Zielgruppen, die Zielregionen für den Einsatz der Instrumente (z. B. intern, extern, regional, bundesweit, international) und die gewünschten Ergebnisse (beispielsweise besseres Arbeitgeberimage, höherer Bekanntheitsgrad, mehr geeignete Bewerber, geringere Fluktuationsrate, besseres Betriebsklima) bestimmt. Je genauer ein Ergebnis beschrieben wird, umso besser lässt sich der Erfolg kontrollieren. Optimal ist, wenn ein Ziel mit einer Kennzahl hinterlegt werden kann.

Die verwendeten Kennzahlen sind abhängig von der jeweiligen Zielsetzung. Beispiele für Kennzahlen im Personalmarketingcontrolling sind:

- Anzahl an Bewerbungen
- Qualität der Bewerbungen
- Bewerberzusagen
- Anzahl an Praktikanten
- Zugriffe auf die Website
- Anzahl der persönlichen Kontakte mit Arbeitskräften bei Messen und Veranstaltungen
- Mitarbeiterzufriedenheit
- Fluktuationsrate
- Anzahl an Presseveröffentlichungen
- Anzahl der Likes bei Facebook
- Anzahl der Weiterempfehlungen in den Social Media.

b) Offenbar haben die Kündigungen der Mitarbeiter sowohl interne als auch externe Gründe. Welche Möglichkeiten hat das Unternehmen, mithilfe von internen und externen Personalmarketingmaßnahmen die Personalsituation zu verbessern?

Interne Maßnahmen	Externe Maßnahmen
• Entgeltsystem mit Leistungsanreizen • attraktive Zusatzleistungen mit Bezug zur Lebenssituation der Mitarbeiter • Gesundheitsmanagement • Pflege des guten Betriebsklimas und des Zusammenhaltes der Belegschaft	• öffentliches Engagement des Unternehmens, z. B. als Sponsor eines Jugendsportvereins • „Tag der offenen Tür“ veranstalten • interessante Gestaltung der Website des Unternehmens • Präsentation des Unternehmens auf Karrieremessen und in Schulen • Hinweise auf freie Stellen auf den Firmenfahrzeugen

c) Bei einem Unternehmerinnen-Stammtisch hat Karla Fritsch einen Vortrag zum Thema „Entwicklung einer Arbeitgebermarke“ gehört. Sie findet das Konzept für ihr mittelständisches Handwerksunternehmen eine Nummer zu groß. Welche Elemente des „Employer Brandings“ könnte die Unternehmerin dennoch für ihr Personalmarketing nutzen?

Die Schaffung und Pflege einer Arbeitgebermarke ist ein langfristiger strategischer Prozess. Konkret geht es um die Fragen, wie ein Unternehmen seine Position auf dem Arbeitsmarkt stärken kann und welches Alleinstellungsmerkmal das Unternehmen als Arbeitgeber hat. Ziel ist es, das Unternehmen als attraktiven und glaubwürdigen Arbeitgeber zu präsentieren und damit die Gewinnung neuer Mitarbeiter und deren Leistungsbereitschaft, die Mitarbeiterzufriedenheit und Mitarbeiterbindung zu verbessern.

Für ein mittelständisches Handwerksunternehmen mit Familientradition gibt es gute Möglichkeiten, diese Punkte für die Entwicklung einer Arbeitgebermarke zu nutzen. Die Unternehmerin könnte zum Beispiel in einem Workshop mit ihren Mitarbeitern die Stärken und Schwächen des Unternehmens analysieren.
(siehe Lehrbuch „Personalmanagement – Teil 1: Personal planen und gewinnen", Abschnitt 3.1.3, Stärken-Schwächen-Analyse; Eckpfeiler der Employer Brand)

Die Ideen und Vorschläge der Mitarbeiter sollten dann in die strategische Entwicklung der Arbeitgebermarke einfließen. Für die Arbeitgebermarke gilt dasselbe wie für ein Unternehmensleitbild: Damit die Mitarbeiter sich damit identifizieren, sollte sie nicht von außen (etwa durch teure Berater) dem Unternehmen übergestülpt werden.

Was könnten die Mitarbeiter der Firma Fritsch-Elektrik als Elemente der Arbeitgebermarke eventuell herausarbeiten?

- Tolles Betriebsklima, Wertschätzung aller Mitarbeiter.
- Ausbildungsbetrieb mit Bestnoten.
- Förderung der Entwicklung der Mitarbeiter durch Schulungsangebote und vielseitige Aufgaben.
- u. v. m.

(Literaturhinweis: Lehrbuch „Personalmanagement – Teil 1: Personal planen und gewinnen", Abschnitt 3.1)

3.2 Personalauswahl

a) Die Stelle soll in einer Internet-Jobbörse und auf der Homepage von Kunststadt ausgeschrieben werden. Überprüfen Sie, ob der folgende Entwurf den Anforderungen an eine Stellenausschreibung entspricht.

Der Aufbau der Stellenausschreibung ist in Ordnung. Der Arbeitgeber stellt sich kurz vor. Die ausgeschriebene Stelle wird benannt, und es erfolgen Aussagen zu den gewünschten Qualifikationen der Bewerber und zum Angebot des Arbeitgebers. Der Bewerber erhält die Informationen, wohin er seine Bewerbung zu schicken hat.

Im Hinblick auf das Allgemeine Gleichbehandlungs- und Gleichstellungsgesetz (AGG) entspricht die Anzeige nicht den Vorgaben. Folgende Stolpersteine sind enthalten (siehe dazu auch „Diskriminierung in Stellenanzeigen: Was gilt rechtlich?"; www.dhz.de [deutsche-handwerks-zeitung.de], letzter Abruf vom 02.03.2023):

- Die Angabe „Herrenschneider (m/w) „erfüllt nicht vollständig die Anforderungen, weil die geschlechtsneutrale Ausschreibung nicht vollständig ist. Um diese Auflagen zu erfüllen, gibt es folgende Möglichkeiten:
  - Herrenschneider (m/w/d)
  - Herrenschneider*in, Herrenschneider_in
  - alternativ: Wir suchen Verstärkung für die Herrenschneiderei
- Die Formulierungen „mindestens 5 Jahre Berufserfahrung“ und „Deutsch als Muttersprache“ werden als problematisch angesehen, weil sich Bewerber diskriminiert fühlen könnten.
- Obwohl Fotos hierzulande bei Bewerbungen noch üblich sind, sollten Arbeitgeber dies nicht explizit in der Stellenausschreibung fordern. Bewerber könnten sonst den Eindruck bekommen, dass das Aussehen für die Besetzung der Stelle eine Rolle spielt.

b) Für die Stelle liegen 3 Bewerbungen vor. Nach welchen Kriterien prüfen Sie die Bewerbungsunterlagen?

Bei der genaueren Prüfung der Bewerbungsunterlagen spielt zunächst der Gesamteindruck eine Rolle:

- Sind alle geforderten Unterlagen vorhanden?
- Stimmen überall Adresse und Anrede?
- Sind die Unterlagen ansprechend gestaltet?
- Stimmt die Rechtschreibung?

Im Anschluss werden die Einzelbestandteile der Bewerbung analysiert:

- **Bewerbungsschreiben**

Mit dem Anschreiben zeigt der Bewerber sein Interesse an der zu besetzenden Stelle. Es enthält meist

- Hinweise darauf, wie er auf die Ausschreibung und den Betrieb aufmerksam geworden ist,
- den Grund für die Bewerbung,
- Fähigkeiten, Erfahrungen und Eigenschaften, die für die Stelle wichtig sind,
- den möglichen Eintrittstermin,
- eventuell den Gehaltswunsch.

Interessant am Bewerbungsschreiben sind die formale Gestaltung, der sprachliche Stil und der Inhalt. Der Bewerber punktet, wenn die Bewerbung individuell und ernsthaft erscheint und wenn sich direkte Bezüge zu den Anforderungen der Stelle erkennen lassen.

- **Lebenslauf**

Der Lebenslauf gibt Hinweise auf die persönliche und berufliche Entwicklung des Bewerbers. Er enthält die persönlichen Daten sowie Informationen zu

- Familienstand,
- schulischer und beruflicher Ausbildung,
- Prüfungen,
- Zusatzqualifikationen,
- bisheriger Berufstätigkeit,
- Weiterbildungen,
- gesellschaftlichem Engagement.

- **Zeugnisse**

Bei den Zeugnissen sind Schulzeugnisse und Arbeitszeugnisse zu unterscheiden. Je weiter Schulzeugnisse zurückliegen, umso mehr verlieren sie an Gewicht. Arbeitszeugnisse geben Hinweise auf die Arbeit des Bewerbers bei früheren Arbeitgebern. Es gibt sie in Form des einfachen und des qualifizierten Zeugnisses.

c) Um im Bewerbungsverfahren die Chancengleichheit zu wahren, entschließen Sie sich zu einem strukturierten Gespräch. Erstellen Sie einen Leitfaden für den Ablauf des Gespräches. Formulieren Sie mindestens 8 offene Fragen, die Sie stellen werden.

Das Personalauswahlgespräch hat mehrere Phasen:

- Begrüßung: Vorstellung der Gesprächspartner, Dank für die Bewerbung, vertrauensbildende Fragen und Informationen.
- Präsentation des Bewerbers: Besprechung der Eigenschaften, Fähigkeiten, bisherigen Tätigkeiten, Erfahrungen und Erwartungen des Bewerbers.
- Vorstellung des Betriebs: z. B. Informationen zu Stelle, Betriebsgröße, Struktur, Leistungsspektrum und Kunden.
- Fragen des Bewerbers.
- Vertragsverhandlung: Abklärung von Entgelt, Arbeitszeit und sonstigen Betriebsleistungen.
- Gesprächsabschluss: Dank für das Gespräch, Hinweise auf die weitere Vorgehensweise.
- Auswertung.

Die Fragen an den Bewerber im Personalauswahlgespräch können offen oder geschlossen formuliert werden. Offene Fragen beginnen mit einem

Fragewort (z. B. wer, wie, wo, was, wieso, weshalb, warum) und sollen den Befragten zu einem Antwortsatz aktivieren. Geschlossene Fragen beginnen mit einem Verb (z. B. haben, können, wollen) und können beantwortet werden mit „Ja“, „Nein“ oder „Weiß nicht“.

Da offene Fragen dem Beurteiler mehr Informationen über den Bewerber und eine bessere Vorstellung von seiner persönlichen Art und Kommunikationsweise geben, sollten sie im Personalauswahlgespräch überwiegen.

Fragebeispiele für das Bewerbungsgespräch sind:

- Wie sind Sie auf unser Unternehmen aufmerksam geworden?
- Was wissen Sie über unser Unternehmen bereits?
- Was veranlasst Sie, sich gerade bei uns zu bewerben?
- Was macht Sie für die ausgeschriebene Stelle besonders geeignet?
- Warum wollen Sie die Arbeitsstelle wechseln?
- Warum haben Sie gerade diesen Beruf gewählt?
- Was war Ihrer Meinung nach Ihr bisher größter Erfolg?
- Welche Tätigkeiten führen Sie gerne aus? Weshalb?
- Wie gehen Sie mit ...-Situationen um?
- Was würden Sie in einer ...-Situation tun?
- Was ist Ihnen an Ihrer Arbeit wichtig?
- Welche Interessen haben Sie außerhalb Ihrer Arbeit?
- Wie bleiben Sie fachlich auf dem neuesten Stand?
- Welche Fortbildungen haben Sie gemacht? Wie haben Sie diese Kenntnisse eingesetzt?
- Welche berufliche Zielplanung haben Sie?
- Welche Gehaltsvorstellungen haben Sie? Wie viele Arbeitsstunden stellen Sie sich für dieses Gehalt vor?
- Wann können Sie frühestmöglich anfangen?

(Literaturhinweis: Lehrbuch „Personalmanagement - Teil 1: Personal planen und gewinnen“, Abschnitt 3.3)

III. Musterprüfungsaufgabe mit Lösungsvorschlägen

Hinweis zur Taxonomie der Anforderungen

Nennen	Einfaches Aufzählen der geforderten Anzahl von Fakten; n Fakten = n Punkte Bei 4 geforderten Fakten werden die ersten 4 Nennungen berücksichtigt, längere Aufzählungen werden nicht gewertet.
Berechnen	Neben dem Ergebnis ist ein Rechenweg nachvollziehbar anzugeben.
Beschreiben	Eine Vorgehensweise ist anhand von Beispielen darzustellen. Es wird eine Darstellung im Fließtext (also ganze Sätze) erwartet.
Erläutern	Anhand von nachvollziehbaren Fakten und Begriffen ist ein Sachverhalt im Fließtext darzustellen.
Beurteilen	Die Auswirkungen getroffener Entscheidungen sind anhand von Pro- und Kontra-Argumenten zu bewerten.
Begründen	Eine Antwort ist mit schlüssigen Argumenten zu begründen.
Entscheiden	Es ist eine Entscheidung für oder gegen eine bestimmte Vorgehensweise zu treffen und zu begründen.

Situationsbeschreibung

Paul Vegan ist Fleischermeister und führt einen Familienbetrieb in der 5. Generation in einer Großstadt mit 300.000 Einwohnern. Neben seinem Ladengeschäft betreibt er noch zwei Geschäfte in Vorkassenzonen von Supermärkten und ist mit zwei Verkaufswagen auf den Wochenmärkten der Region vertreten. Der Betrieb hat 19 Mitarbeiter: 5 Fleischer, 2 Mitarbeiter für den kaufmännischen Bereich und 12 Verkaufskräfte. Herr Vegan möchte zukünftig wieder im Fleischerhandwerk und im Verkauf ausbilden, nachdem er das mehrere Jahre nicht getan hat.

Als neues Geschäftsfeld möchte Paul Vegan das Imbissangebot in seinem Ladengeschäft gern umgestalten. Er plant hochwertigere Gastronomie. Einen Arbeitstitel hat das Projekt bereits: „Pauls Genusswerkstatt". Dort soll es unter anderem Grillkurse und Schinkenseminare geben. Außerdem überlegt er, seinen Nachnamen mit einem Augenzwinkern zum Programm zu machen: Es soll auch vegane Alternativen zum Fleisch in der Genusswerkstatt geben. Für diesen Ausbau des Geschäfts benötigt der Unternehmer neues Personal.

In einem Seminar hat Paul Vegan etwas zum Thema Unternehmensimage und Unternehmensleitbild gehört. Er fragt sich, ob sein Unternehmen so etwas braucht.

Hilfsmittel:	keine
Bearbeitungszeit:	schriftlich 100 Minuten
Punktzahl insgesamt:	100
Anlage:	Öffnungszeiten der Vorkassenzonen

Anlage:

Arbeitszeiten der Mitarbeiter: 38 Stunden pro Woche = 1 Vollzeitäquivalent

Mitarbeiteranzahl pro Filiale: Montag bis Freitag je 2 MA; Samstag je 3 MA

Vorkassenzone Filiale 1

Tag	Öffnungszeiten alt	Öffnungszeiten neu
Montag bis Freitag	08:00 - 20:00	08:00 - 19:00
Samstag	07:00 - 19:00	07:00 - 18:00

Vorkassenzone Filiale 2

Tag	Öffnungszeiten alt	Öffnungszeiten neu
Montag bis Donnerstag	08:00 - 20:00	08:00 - 20:00
Freitag	08:00 - 20:00	07:00 - 22:00
Samstag	08:00 - 19:00	07:00 - 21:00

Aufgaben	**max. Punkte**
1. a) Erläutern Sie jeweils 3 Vorteile und Nachteile, die ein Unternehmensleitbild hat.	12
b) Geben Sie eine begründete Empfehlung, wie Paul Vegan das Unternehmensleitbild für sein Unternehmen erarbeiten sollte.	4
2. a) Erläutern Sie 3 Gründe, die dafür sprechen, dass das Unternehmen wieder ausbildet.	9
b) Nennen Sie 5 Voraussetzungen, die das Unternehmen erfüllen muss, um ausbilden zu können.	5
3. Um jüngere Bewerber anzusprechen, müssen die klassischen Instrumente des Personalmarketings um zeitgemäße Varianten ergänzt werden. Beschreiben Sie 4 Möglichkeiten des modernen Personalmarketings.	12
4. Die Betreiber der Supermärkte wollen die Vertragsbedingungen in den Vorkassenzonen ändern. Beurteilen Sie die Auswirkungen auf den Personalbedarf. Wie sollte der Unternehmer darauf reagieren? Begründen Sie Ihre Aussage rechnerisch. Nutzen Sie dafür die Angaben in Anlage 1.	12
5. Für „Pauls Genusswerkstatt“ wird neues Personal gesucht. Die MA sollen am besten gut kochen können, über Verkaufserfahrung verfügen und natürlich mit den Kunden angemessen umgehen. Erläutern Sie jeweils 3 Vorteile einer Stellenbeschreibung und eines Anforderungsprofils.	12

6. a) Bisher hat Paul Vegan Bewerbungsgespräche sehr intuitiv geführt. Das möchte er ändern. Formulieren Sie einen Leitfaden mit 6 offenen Fragen, die Paul Vegan im Bewerbungsgespräch stellen sollte.	12
b) Was versteht man unter Offenbarungspflicht des Bewerbers?	3
7. Zu vollständigen Bewerbungsunterlagen gehören unter anderem Arbeitszeugnisse und der Lebenslauf. Ein ehemaliger Kollege hat zu Paul Vegan gesagt, dass sich die Bewerber heutzutage nicht mehr die Mühe machen würden, so eine aufwendige Bewerbung zu schreiben. Wer auf vollständige Bewerbungsunterlagen wartet, findet bald gar kein Personal mehr.	
a) Beurteilen Sie diese Aussage des Kollegen.	6
b) Beschreiben Sie zwei Möglichkeiten, wie Paul Vegan auch ohne perfekte Bewerbungsunterlagen feststellen könnte, ob die Bewerber zu seiner neuen Geschäftsidee „Pauls Genusswerkstatt“ passen.	4
8. Paul Vegan hat mehrere Bewerbungsgespräche geführt und wird zwei neue MA einstellen. Die Einarbeitung soll möglichst reibungslos erfolgen. Deshalb macht sich der Unternehmer im Vorfeld Gedanken darüber, wo mögliche Fehlerquellen liegen. Beschreiben Sie drei Negativstrategien und geben Sie jeweils ein Beispiel dafür an, wie man solche Negativstrategien vermeidet.	9

Lösungsvorschläge (Antworten)

> Zu Frage 1 a)

Vorteile des Unternehmensleitbildes, z. B.

Ein Unternehmensleitbild gibt Orientierung für die Mitarbeiter. Es trägt dazu bei, dass sich die MA mit dem Unternehmen identifizieren. Für die Kunden und Lieferanten ist es ein „Versprechen" für Qualität und Serviceorientierung des Unternehmens.

Nachteile des Unternehmensleitbildes, z. B.

Wenn das Unternehmen die Aussagen aus dem Leitbild gegenüber den MA nicht einhält, kann das die MA demotivieren. Auch die Kunden könnten enttäuscht sein, wenn das Unternehmen nicht so handelt, wie es im Leitbild steht. Die Entwicklung eines glaubwürdigen Leitbildes ist zeitaufwendig und teuer (wenn man es mit externen Beratern macht). Manchmal wirken die Aussagen zu allgemein und realitätsfern.

(je Vor- und Nachteil 2 Punkte)

> Zu Frage 1 b)

Vorgehen zur Entwicklung, z. B.

Der Unternehmer sollte sich gemeinsam mit seinen MA Gedanken machen, wofür das Unternehmen steht. Was sind die Stärken und das Alleinstellungsmerkmal, was sind die strategischen Ziele?

Kunden könnten befragt werden, wie sie das Unternehmen und seine Leistungen wahrnehmen.

Gemeinsam mit den MA könnte dann in Workshops ein Leitbild erarbeitet werden.

Durch diese Vorgehensweise ist gewährleistet, dass sich die MA mit dem Leitbild identifizieren und sich bemühen, danach zu handeln. Das strahlt auch auf die Kunden ab.

(**Hinweis:** Die Lösung ist nur vollständig, wenn die empfohlene Vorgehensweise begründet wird).

> Zu Frage 2 a)

Gründe für Ausbildung, z. B.

1. Das Unternehmen macht sich unabhängiger vom Fachkräfteangebot auf dem Arbeitsmarkt und kann auf aufwendige Personalsuche verzichten.

2. Ein Unternehmen, welches ausbildet, zeigt, dass es strategisch plant, und gibt damit den eigenen MA Sicherheit, dass das Unternehmen zukunftsorientiert denkt.

3. Man lernt die Auszubildenden gut kennen und kann bei einer Übernahme nach erfolgreichem Abschluss davon ausgehen, dass es keine Fehlbesetzungen gibt.

4. Auch die Auszubildenden lernen das Unternehmen kennen. Wenn sie nach der Ausbildung ein Vertragsangebot annehmen, kann man davon ausgehen, dass sie sich bewusst für das Unternehmen entscheiden.

(**Hinweis:** Auf eine Erläuterung der einzelnen Gründe ist zu achten, je Grund 3 Punkte)

> Zu Frage 2 b)

- Eintragung des Unternehmens als Ausbildungsbetrieb
- persönliche Eignung des Ausbilders
- fachliche Eignung des Ausbilders
- Anzahl der Ausbildungsplätze angemessen im Verhältnis zur Anzahl der MA
- Abdeckung des Lehrplans im Unternehmen, ggf. mit externen Kooperationspartnern

(je Nennung 1 Punkt)

> Zu Frage 3

Das Unternehmen sollte seine Ausbildungsangebote dort platzieren, wo es die Jugendlichen erreicht. Dabei sollte es Kanäle nutzen, auf denen die Jugendlichen aktiv sind, z. B. einen Instagram-Account, der regelmäßig mit Neuigkeiten aus dem Unternehmen bestückt wird und die Ausbildungsrichtungen vorstellt, oder andere Social-Media-Kanäle.

Filme über das Unternehmen auf einem Youtube-Kanal, z. B. über nachhaltige Tierhaltung und das Engagement des Unternehmens für den Klimaschutz.

Spezielle Events für die Zielgruppe organisieren, in denen die Ausbildung und das Unternehmen vorgestellt werden.

(je Vorschlag 3 Punkte)

> Zu Frage 4

Rechnerische Lösung:

Filiale 1							
			alt		neu		
Tage	**Anzahl Tage**	**An. MA**	**Öffnungszeit h**	**gesamt**	**Öffnungszeit h**	**gesamt**	
Mo - Fr	5	2	12	120	11	110	
Sa	1	3	12	36	11	33	
		Summen		**156**		**143**	**Überdeckung: 13 h/Woche**

Filiale 2							
			alt		neu		
Tage	**Anzahl Tage**	**An. MA**	**Öffnungszeit h**	**gesamt**	**Öffnungszeit h**	**gesamt**	
Mo - Do	4	2	12	96	12	96	
Fr	1	2	12	24	15	30	
Sa	1	3	11	33	14	42	
		Summen		**153**		**168**	**Unterdeckung: 15h/Woche**

In Filiale 1 ergibt sich rechnerisch ein Personalüberhang von 13 h/ Woche.

In Filiale 2 beträgt die Unterdeckung 15 h/Woche.

Durch flexiblen Einsatz der MA in beiden Filialen könnte der Mehr- bzw. Minderbedarf in den Filialen nahezu ausgeglichen werden.

(**Hinweis:** Der Rechenweg soll gezeigt werden; jeweils 4 Punkte für Personalbedarf alt und neu in Filiale 1 und 2; 4 Punkte für die Aussage zur Veränderung des Personalbedarfes).

> Zu Frage 5

Vorteile einer Stellenbeschreibung, z. B.

- Definition der Aufgaben des Stelleninhabers ist klar
- Position im Unternehmen ist definiert
- Zuständigkeiten und Befugnisse des Stelleninhabers sind geklärt
- erleichtert die Erstellung von Stellenanzeigen und damit die Personalsuche.

Vorteile eines Anforderungsprofils, z. B.

- erleichtert die Erstellung von Stellenanzeigen und damit die Personalsuche
- Abgleich der Anforderungen mit dem Qualifikationsprofil des Bewerbers ist leichter
- gibt Hilfestellung bei der Erstellung von Personalentwicklungsplänen.

(je 6 Punkte für Vorteile Anforderungsprofil und Stellenbeschreibung)

> zu Frage 6 a)

Beispiele:

- Warum wollen Sie sich beruflich verändern?
- Welche Ausbildung haben Sie?
- Welche Berufserfahrung haben Sie bisher erworben?
- Wie würden Sie an die Lösung der Aufgabe XY herangehen?
- Welche Erwartungen haben Sie an Ihre zukünftige Tätigkeit?
- Wann können Sie frühestens bei uns anfangen?
- u.v.m.

(je Frage 2 Punkte. Es sind „W-Fragen" zu formulieren. Bei der Angabe von „Ja/Nein-Fragen" jeweils nur 1 Punkt, keine unerlaubten Fragen)

> zu Frage 6 b)

Offenbarungspflicht des Bewerbers:

Inhaltlich entsprechend zum Fragerecht des Arbeitgebers.

Ungefragt müssen nur in Ausnahmefällen bestimmte Fakten offengelegt werden, z. B. wenn der Bewerber weiß, dass er aufgrund bestimmter Umstände seine arbeitsvertraglichen Pflichten nicht erfüllen kann (anstehende Reha-Maßnahme verhindert den pünktlichen Arbeitsantritt, bestehendes Wettbewerbsverbot).

> zu Frage 7 a)

Begründete Positionierung „Trifft zu" oder „Trifft nicht zu".

> zu Frage 7 b)

Beispiele:

- Probearbeiten in der Genusswerkstatt mit besonderer Aufgabe
- Praxisaufgabe: kreative Speisekarte erstellen
- Wissenstest rund um das Thema Speisenzubereitung

(je Möglichkeit 2 Punkte)

> zu Frage 8

Schonungsstrategie

MA bekommt absichtlich oder unabsichtlich Aufgaben mit wenig Anspruchsniveau. Wenn der MA sehr motiviert ist, wird ihn das enttäuschen. Deshalb sollte man mit dem MA schon von Anfang an besprechen, welche Kenntnisse er hat, und ihn dementsprechend einsetzen.

Überforderung/Überstrapazierung

Hier bekommt der MA Aufgaben, für die er noch nicht ausreichend qualifiziert ist oder ihm die Erfahrung fehlt. Eventuell scheitert er und erntet Misserfolge. Man sollte im Unternehmen darauf achten, dass ältere Kollegen diese Strategie nicht bewusst oder unbewusst verfolgen, um den neuen Kollegen in die Schranken zu weisen.

Wasser-Wurf-Strategie

Der MA wird sich selbst überlassen und soll sich alleine zurechtfinden. Häufig passiert das, wenn die Einarbeitung nicht gut vorbereitet ist, weil die Vorgesetzten keine Zeit haben. Der Neue muss nach dem Motto „Versuch und Irrtum" arbeiten, was frustrierend sein kann. Daher sollte man sich für die Einarbeitung Zeit nehmen.

(je Erklärung zu einer Negativstrategie mit Beispiel 3 Punkte)